AUGUST BEER

GRUNDRISS
DES
PHOTOMETRISCHEN CALCÜLES

Elibron Classics
www.elibron.com

Elibron Classics series.

ISBN 1-4212-2143-8 (paperback)
ISBN 1-4212-2142-X (hardcover)

This Elibron Classics Replica Edition is an unabridged facsimile of the edition published in 1854 by Friedrich Vieweg und Sohn, Braunschweig.

GRUNDRISS

DES

PHOTOMETRISCHEN

CALCÜLES.

PAPIER
AUS DER MECHANISCHEN PAPIER-FABRIK
DER GEBRÜDER VIEWEG ZU WENDHAUSEN
BEI BRAUNSCHWEIG.

GRUNDRISS

DES

PHOTOMETRISCHEN CALCÜLES.

VON

DR. AUGUST BEER,
PRIVATDOCENTEN AN DER UNIVERSITÄT BONN.

MIT IN DEN TEXT EINGEDRUCKTEN HOLZSCHNITTEN.

BRAUNSCHWEIG,
DRUCK UND VERLAG VON FRIEDRICH VIEWEG UND SOHN.
1854.

Inhaltsverzeichniss.

Berichtigung.

Von Fig. 30 auf Seite 74 an bis Fig. 37 auf Seite 88 sind die Figuren-Citate im Texte um eine Nummer rückwärts zu lesen.

Einleitung.

Mit dem Worte „Photometrie“ bezeichnet man sowohl denjenigen Theil der Optik, welcher vom Leuchten und von der Beleuchtung handelt, als auch die praktische Bestimmung der Leuchtkraft und der Grösse der Erleuchtung, ähnlich wie wir auch dem wissenschaftlichen Mathematiker und dem praktischen Feldmesser den gemeinschaftlichen Namen „Geometer“ geben. Die Photometrie in der ersten Bedeutung des Wortes, also die Lehre vom Leuchten und von der Beleuchtung, soll der Gegenstand dieser Blätter sein.

Nach den Vorarbeiten von Bouguer, Euler, Smith, Kästner hat Lambert die Principien der Photometrie experimentell begründet, neue und wichtige Probleme derselben behandelt und alles bis dahin Bekannte in einem Lehrbuche zusammengestellt, der *Photometria sive de mensura et gradibus luminis, colorum et umbrae*, die 1760 in Augsburg erschien. Die spätere Zeit hat dem eigentlichen Lehrgebäude der Photometrie nichts Wesentliches hinzugefügt. Für die Gegenwart, wo es von so grosser Bedeutung ist, möglichst rasch den Standpunkt der Wissenschaft zu erreichen, schien es uns aber höchst wünschenswerth, dem Physiker die Behandlung der wichtigsten Probleme der Photometrie in moderner Form und von allem Fremdartigen befreit bieten zu können. Dies die Veranlassung zur Herausgabe dieser kleinen Schrift. Wir glauben derselben, wenn ihr auch der Natur der Sache nach die ältere Photometrie Lambert's zu Grunde liegt, einen freundlichen Empfang vorhersagen zu dürfen. Jenes Werk ist nur Wenigen mehr zugänglich; es involvirt oft das Wissenswerthe in eine Masse von Dingen, in ein Labyrinth von Rechnungen, die für die heutige Physik theils von höchst untergeordneter, theils von gar keiner Bedeutung mehr sind; hierzu kommt noch, dass die Lectüre nicht wenig durch die alterthümliche, weitschweifige Behandlungsweise erschwert wird. Auch erlauben wir uns darauf aufmerksam zu machen, dass wir hier mehre, wie wir glauben, nicht ganz unerhebliche eigene Beiträge und Zusätze zu den so interessanten Problemen der Photometrie liefern.

Es gereicht uns zur Freude, den Leser daran zu erinnern, dass Arago jüngst der gelehrten Welt die Veröffentlichung einer Schrift über die durch seine Arbeiten so ausserordentlich geförderte praktische Photometrie versprochen hat. Die Aussicht auf dieses jedenfalls bedeutende Werk scheint uns den gegenwärtigen Blättern, zumal für den angehenden Physiker, einen temporären Mehrwerth zu verleihen.

Erstes Capitel.

Grundsätze der Photometrie.

Der photometrische Calcül stützt sich auf einen zusammengesetzten Grundsatz über die Quantität des Lichtes, das von dem Elemente einer selbstleuchtenden Fläche auf das Element einer zweiten Fläche übergeht. Bedeutet nämlich df, Fig 1, den Flächeninhalt des Elementes einer leuchtenden Fläche f, deren Leuchtkraft eben an der Stelle jenes Elementes durch die Zahl J dargestellt wird, ist ferner df' der Inhalt des Elementes einer zweiten Fläche f', das von dem ersten Elemente um die Länge r entfernt ist, und bildet endlich die Verbindungslinie der beiden Elemente mit der Normale von df den Winkel e, mit der von df' den Winkel i; so wird die Quantität des Lichtes, welches von df auf df' übergeht, dargestellt durch den Ausdruck:

Fig. 1.

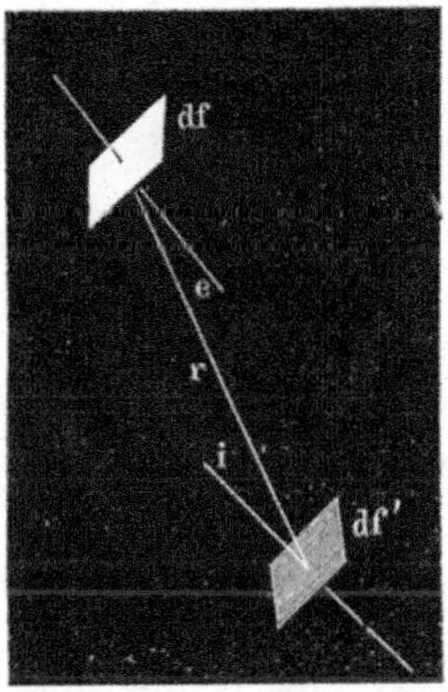

$$\frac{J \cdot df \cdot df' \cdot \cos e \cdot \cos i}{r^2} = q.$$

Von den in dieser Formel auftretenden Winkeln heisst e der Emanationswinkel und i der Incidenzwinkel des von df auf df' auftreffenden Lichtes. Man sieht nämlich leicht ein, dass die von df nach df' gelangenden Strahlen als mit der Verbindungslinie r parallel angesehen werden dürfen, dass somit die

Strahlen unter dem Winkel e aus df ausstrahlen und unter dem Winkel i auf df' einfallen.

Die für die Quantität q aufgestellte Formel involvirt ersichtlich sechs Gesetze über das Leuchten und die Beleuchtung, ebenso viele nämlich als in derselben Grössen vorkommen. Diese Gesetze sollen nun näher erörtert werden.

Erstens. Es seien dφ und dφ' zwei Flächenelemente, die, auf ihrer Verbindungslinie senkrecht stehend, um die Linieneinheit von einander entfernt sind, und von welchen dφ Licht von einer gewissen Intensität aussendet. Der Theil von diesem, welcher das Element dφ' trifft, wird nun offenbar um so grösser sein, je grösser die Leuchtkraft von dφ ist, und Nichts hindert uns daran, die Leuchtkraft von dφ durch ein beliebiges, aber ein für allemal bestimmtes Vielfache von eben der Quantität, welche das Element dφ' auffängt, zu messen. Diese Quantität durch k und die Leuchtkraft von dφ durch J bezeichnet, dürfen wir also unserer Definition gemäss setzen:

$$k = \mathrm{d}\varphi \cdot \mathrm{d}\varphi' \cdot J.$$

Zweitens. Tritt an die Stelle von dφ das ebenso gelegene und ebenso stark leuchtende Element df, und machen wir die Annahme, dass sich das von den einzelnen Punkten des Elementes herkommende Licht nicht stört, nicht interferirt, sondern einfach summirt, so leuchtet ein, dass die jetzt auf dφ' treffende Quantität in demselben Verhältnisse zu der früheren steht, wie die Grösse des Elementes df zu der von dφ. Für diese Quantität erhalten wir somit den Ausdruck:

$$k' = \mathrm{d}f \cdot \mathrm{d}\varphi' \cdot J.$$

Drittens. Ersetzen wir das Element dφ' durch das ebenso gelegene df', so sieht man ohne Weiteres ein, dass sich die Quantitäten, welche auf df' und dφ' fallen, gerade wie die Inhalte dieser Elemente verhalten. Für die auf df' strahlende Lichtquantität ergibt sich also der Ausdruck:

$$k'' = \mathrm{d}f \cdot \mathrm{d}f' \cdot J.$$

Viertens. Machen wir die Annahme, dass von dem Lichte, welches einem leuchtenden Punkte P, Fig. 2, entströmt, bei der Fortpflanzung kein Theil verloren geht, so werden die Kugeln K und K', deren Centrum in P liegt, und deren Radien 1 und r seien, von einer gleichen Quantität Lichtes getroffen. Hieraus folgt denn weiter, dass sich die Quantitäten Lichtes, welche auf zwei gleich grosse Elemente ε und ε' der einen und andern Kugel treffen, umgekehrt wie die Quadrate der zugehörigen Radien verhalten, oder in anderen Worten: die Quantität Lichtes, welche von einem leuchtenden Punkte senkrecht auf ein in der Entfernung r befindliches Flächenelement fällt, ist r^2 mal kleiner, als die Quantität, welche auf dasselbe Element in der Entfernung 1 senkrecht treffen würde. Wenn wir also das Element df' aus der Entfernung 1 in die Entfernung r vom Elemente df so verschieben, dass es immer auf der Verbindungslinie beider Elemente senkrecht bleibt, so wird es von einer Quantität Lichtes getroffen, deren Ausdruck ist:

Fig. 2.

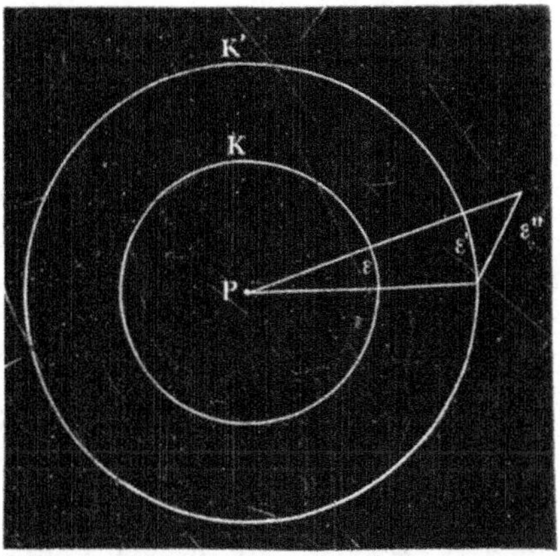

$$k''' = \frac{df \cdot df' \cdot J}{r^2}.$$

Fünftens. Aus der soeben geltend gemachten Annahme von der Erhaltung der Lichtquantität folgt, dass das Element ε'', welches ebensoweit von P entfernt ist wie ε', und welches von einem Kegel umschrieben wird, dessen Spitze P und dessen Directrix der Umfang von ε' ist, von derselben Lichtquantität getroffen wird wie das Element ε'. Bezeichnen wir diese mit $\varkappa$, so ist also die Quantität, welche auf einen dem Elemente ε' gleichen Theil von ε'' trifft, $\varkappa \cdot \frac{\varepsilon'}{\varepsilon''}$. Das Verhältniss $\frac{\varepsilon'}{\varepsilon''}$ ist aber dem Cosinus des Neigungswinkels α beider Elemente, oder dem Cosinus des Winkels gleich, unter welchem die von P ausgehende Strahlung auf das Element ε'' trifft. Drehen wir also das Element ε', bis es mit ε'' zusammenfällt, so wird es von der Quantität $\varkappa \cdot \cos \alpha$ getroffen. Die von einem Punkte auf ein Element ausgestrahlte Lichtquantität ist somit dem Cosinus des Incidenzwinkels proportional. Geben wir daher dem Elemente df' eine solche Lage, dass das von df kommende Licht unter dem Winkel i auffällt, so ergibt sich für die Quantität dieses Lichtes der Ausdruck:

$$k'' = \frac{df \cdot df' \cdot J \cdot \cos i}{r^2}.$$

Sechstens. Denken wir uns, dass das Element ε'' selbstleuchtend werde, und nehmen wir an, was wahrscheinlich ist, dass die Fortpflanzung des Lichtes von den einzelnen Punkten von ε'' nach P hin in gleicher Weise wie die Fortpflanzung von P nach den einzelnen Punkten von ε'' hin stattfinde, so ist die nächste Folge dieser Annahme die, dass der Punkt P von dem Elemente ε'' dieselbe Lichtquantität empfängt, welche er von ε' empfangen würde, wenn dieses Element mit derselben Energie wie ε'' Licht entwickeln würde. Unter $\varkappa$ diese Quantität verstanden, ist also $\varkappa \cdot \cos \alpha$ die Quantität Lichtes, welche der Punkt P von einem dem Elemente ε' gleichen Theile von ε'' erlangt. Der Winkel α, welchen die beiden Elemente einschliessen, ist aber auch der Winkel, unter welchem das Licht aus ε'' ausströmt. Das von einem leuchtenden Elemente nach einem Punkte hin ausströmende Licht ist somit dem Cosinus des Emanationswinkels proportional. Wenn wir daher das Element df so drehen, dass das nach df' gelangende Licht unter dem Winkel e ausstrahlt, so drückt sich die Quantität dieses Lichtes aus durch:

$$q = \frac{df \cdot df' \cdot J \cdot \cos i \cdot \cos e}{r^2}.$$

Von den sechs in der Grundformel ausgesprochenen Gesetzen scheidet sich ein erstes, welches die Abhängigkeit zwischen q und J bestimmt, durch unsere Definition des Maasses für die Leuchtkraft aus; ein zweites, dasjenige, welches die Proportionalität von q und df' ausspricht, ist eine nothwendige Folge des Begriffes der Quantität überhaupt. Es bleiben somit nur mehr die vier folgenden Gesetze übrig:

Erstens. Die aus einem Elemente ausstrahlende und auf ein zweites Element senkrecht auffallende Lichtquantität ist dem Cosinus des Emanationswinkels proportional.

Zweitens. Die aus einem Elemente senkrecht ausstrahlende und auf ein zweites Element fallende Lichtquantität ist dem Cosinus des Incidenzwinkels proportional.

Drittens. Die von einem leuchtenden Punkte auf ein Element senkrecht einfallende Lichtquantität ist dem Quadrate der Entfernung des Punktes und des Elementes umgekehrt proportional.

Viertens. Die von mehren von einander unabhängigen leuchtenden Punkten auf ein Element senkrecht strömenden Lichtzüge stören sich in ihrer Endwirkung nicht, sondern summiren sich.

Von der Richtigkeit dieser vier empirischen Gesetze überzeugen wir uns durch folgende Versuche.

Erstens. Es ist ein bekanntes Factum, dass eine glühende Kugel von Eisen dem Auge in jeder Lage als eine gleichmässig leuchtende Scheibe erscheint. Eine solche Kugel sei nun k, Fig. 3, und in einer gegen die Pupille des Auges sehr grossen Entfernung von ihr, etwa in p, befinde sich das Auge. Um p als Centrum denken wir uns die undurchsichtige Kugelfläche KK gelegt, die nur in oo und $o'o'$ durch zwei kreisförmige Oeffnungen durchbohrt sei, welche der Pupille an Grösse gleichkommen. Aus dem mitgetheilten Factum folgt nun, dass das Auge die beiden Oeffnungen oo, $o'o'$ ganz gleichförmig erhellt sehen muss. Auf die Helligkeit dieser Oeffnungen ist aber offenbar nur ein Schluss aus den Lichtquantitäten gestattet, welche durch jene Oeffnungen in's Auge dringen. Und diese Quantitäten werden wir, da eben die Oeffnungen gleich hell erscheinen, als einander gleich setzen müssen. Ohne merklichen Fehler darf nun aber angenommen werden, dass nur die Punkte der Elemente $\omega\omega$, $\omega'\omega'$ der Kugel k Licht in's Auge senden, welche Elemente aus der leuchtenden Kugelfläche durch die beiden Cylinder herausgeschnitten werden, deren Basen die Elemente oo, $o'o'$, und deren Axen die Verbindungslinien der Mittelpunkte dieser Elemente und des Mittelpunktes der Pupille sind. Wir werden kein Bedenken tragen anzunehmen, dass alles Obige auch für eine Pupille gelten werde, die kleiner als die menschliche ist, dass es auch gelten werde, wenn wir uns die Pupille nur von der Grösse eines Flächenelementes denken. An dieser Grenze tritt an die Stelle des

Fig. 3.

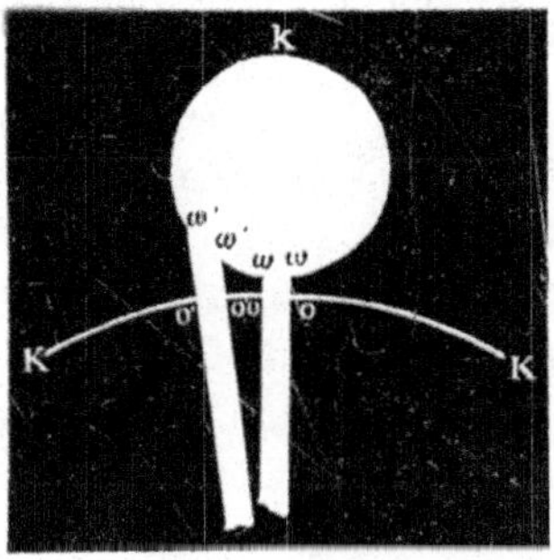

Verhältnisses zwischen den Elementen $\omega\omega$, $\omega'\omega'$ das umgekehrte Verhältniss zwischen den Cosinus der Emanationswinkel, und somit ist das von gleich grossen und gleich stark leuchtenden Elementen einem dritten Elemente senkrecht zugeschickte Lichtquantum dem Cosinus der Emanationswinkel proportional.

Zweitens. Es sei MM, Fig. 4, eine gleichmässig glühende Metallplatte. In mässiger Entfernung werde parallel mit ihr der Schirm SS aufgepflanzt, der in oo' eine der Pupille gleiche Oeffnung habe. In einer gegen $o\omega$ sehr grossen Entfernung befinde sich das Auge senkrecht über dem Mittelpunkte von oo'. Ohne merklichen Fehler darf man alsdann annehmen, dass das Auge die Oeffnung oo' nur von dem Theile $\omega\omega'$ erleuchtet sehe, der aus der Metallplatte durch den Cylinder ausgeschnitten wird, dessen Basis oo' und dessen Axe die Verbindungslinie des Centrums der Oeffnung und der Pupille ist. Das Auge wird nun durchaus keine Veränderung wahrnehmen, wenn der Schirm SS durch den Schirm $S'S'$ ersetzt wird, der in oo'' eine elliptische Oeffnung hat, deren Umfang auf dem soeben erwähnten Cylinder liegt. Hieraus schliessen wir, dass der Theil $\omega\omega'$ auf oo'' merklich dieselbe Lichtquantität schickt wie auf oo'. Und da ferner das Obige für eine beliebig kleine Pupille gelten wird und an der Grenze die Inhalte der Oeffnungen sich umgekehrt wie die Cosinus der zugehörigen Incidenzwinkel verhalten, so folgt, dass die einem leuchtenden Elemente senkrecht entstrahlte und auf ein zweites Element fallende Lichtquantität dem Cosinus des Incidenzwinkels proportional ist.

Fig. 4.

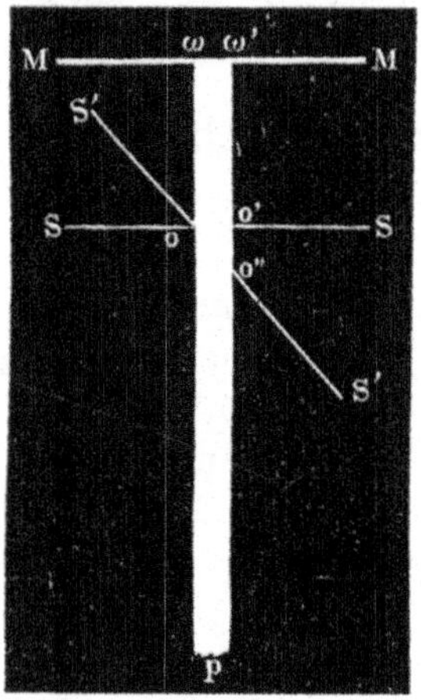

Drittens. Man pflanze im dunkeln Zimmer eine weisse Fläche EE, Fig 5, senkrecht auf. Ferner stelle man zwei möglichst gleich gestaltete und gleich helle Flammen f, f' her und bringe sie in gleicher Höhe vor EE, zwischen sie und diese Ebene aber den undurchsichtigen Schirm SS' in solche Stellung, dass der Punkt a, welcher senkrecht unter f liegt, ausserhalb des

Schattens von f und in dem Schatten von f', sowie der Punkt a' ausserhalb des Schattens von f' und innerhalb des Schattens von f liege. Hierauf verschiebe man die Flamme f' längs der Linie $f'S'$, bis die Erleuchtung der Ebene EE in den Punkten a und a' gleich ist. Misst man, sobald dies erreicht ist, die Distanzen af und $a'f'$ und den Winkel $f'a'E$, so wird man finden, dass sich nahezu verhalte:

Fig. 5.

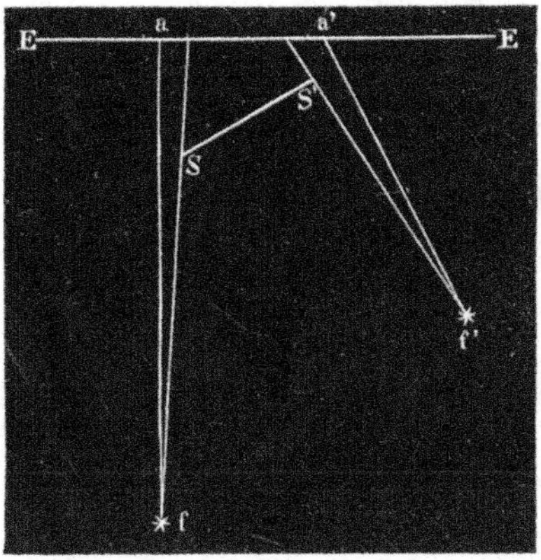

$$af^2 : a'f'^2 = 1 : \cos f'a'E.$$

Welche Folgerungen lassen sich aus diesem von Lambert wirklich angestellten Versuche ziehen? Insofern die Dimensionen der beiden Flammen gegen die zur Sprache kommenden Entfernungen sehr klein sind, kann man sie annäherungsweise als zwei gleich stark leuchtende Punkte oder auch als zwei gleich grosse und gleich intensiv leuchtende Elemente betrachten, die in f und f' auf af und $a'f'$ senkrecht stehen. Bezeichnen wir nun die Lichtquantität, welche auf ein Element fällt, das wir in a' senkrecht zur Strahlung von f' halten, mit q', so ist dem Vorhergehenden gemäss die Quantität, welche auf das Element fällt, wenn wir es mit der Ebene EE zusammenfallen lassen, $q' \cdot \cos f'a'E$. Diese Quantität kommt aber offenbar, da unter übrigens gleichen Umständen die Helligkeit in a' und a gleich ist, derjenigen Quantität q gleich, welche unser Element erlangt, wenn wir es der senkrechten Strahlung von f oder f' in der Entfernung fa aussetzen. Wir haben also: $q = q' \cos f'a'E$, oder der gefundenen Beziehung zufolge: $\frac{q'}{q} = \frac{af^2}{a'f'^2}$; die Lichtquantität, welche auf ein Element senkrecht auffällt und von einem leuchtenden Punkte oder aus einem leuchtenden Elemente senkrecht ausstrahlt, ist dem Quadrate der Entfernung des Elementes von der Lichtquelle umgekehrt proportional.

Viertens. Wie in dem vorhergehenden Versuche bedeute EE, Fig. 6 s. f. S., eine senkrechte weisse Fläche, SS' einen undurchsichtigen Schirm. Auf der zu EE senkrechten Geraden af werde eine constant brennende Flamme f aufgepflanzt, ebenso auf und hart neben der senkrechten $a'f'$ in f', f'', f''' eine Anzahl, wir wollen sagen drei Flammen, die der Flamme f in jeder Beziehung möglichst gleichkommen und möglichst nahe aneinander gerückt werden. In dem Punkte a wird die Ebene EE nur von der Flamme f, im Punkte a' nur von den Flammen f', f'', f''' erleuchtet. Verschiebt man nun die Flamme f längs der Senkrechten af, bis die Helligkeit in a und a' merklich dieselbe ist, und misst man alsdann die Entfernungen af und $a'f'$, so wird man finden, dass sie sich nahezu wie $1 : \sqrt{3}$, und allgemein wie die Einheit zur Quadratwurzel aus der Anzahl der in f' aufgepflanzten Flammen verhalten. Bezeichnen wir aber die Lichtquantität, welche eine der Flammen f', f'', f''' senkrecht auf ein in a' befindliches Element ausstrahlt, mit q, so ist die Quantität, welche ein gleich grosses Element in a erlangt, $q \cdot \frac{a'f'^2}{af^2} = 3q$. Diese Quantität kommt aber offenbar derjenigen gleich, welche das Element in a' von den drei Flammen f', f'', f''' erhält. Da Aehnliches auch für eine grössere Anzahl Flammen und für Flammen von kleineren Dimensionen gilt, so schliessen wir, dass die Quantität des Lichtes, welches von einer Anzahl sehr nahe an einander stehender, von einander unabhängiger und gleich stark leuchtender Punkte auf ein Element senkrecht auffällt, der Anzahl der Punkte proportional ist. Um ein Urtheil über die bei Versuchen der mitgetheilten Art erreichbare Genauigkeit zu gewinnen, wollen wir das Resultat zweier Bestimmungsreihen betrachten, die Lambert angestellt hat, um den Zusammenhang der beiden letzten Grundgesetze darzuthun.

Fig. 6.

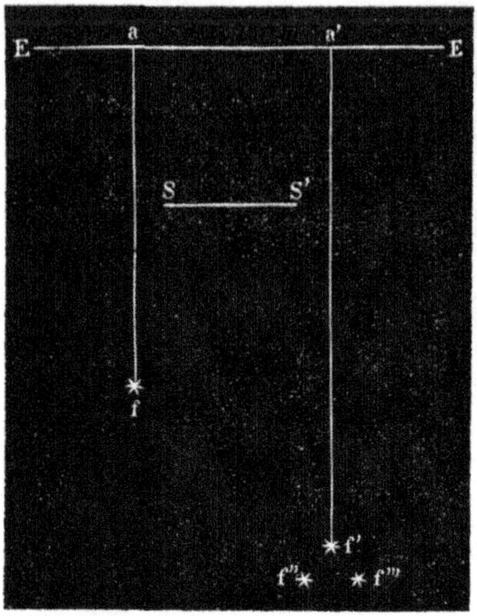

Erste Bestimmungsreihe. Zwischen die Flamme f, Fig. 7, und die weisse Fläche EE stellte Lambert einen dunkeln Schirm SS' auf, der die ganze Fläche EE beschattete. Hierauf wurden in o ein und in o' zwei Spiegel aufgepflanzt, die alle drei das Licht nahezu gleich stark reflectirten. Sie wurden so gerichtet, dass sie von den Strahlen der Flamme fast senkrecht getroffen wurden, und dass das Bild f_1 von s_1 in die Linie oa, die Bilder f_2, f_3 der Spiegel s_2 und s_3 der Linie $o'a'$ ganz nahe zu liegen kamen. In Bezug auf die Erleuchtung in den Punkten a und a' verhält sich dann ersichtlich die Sache genau so, als ob sich in f_1, f_2 und f_3 drei gleich helle Flammen befänden. Der Spiegel f_1 wurde hierauf, ohne dass seine Richtung sich änderte, längs der Linie ao verschoben, bis die Helligkeit in a und a' genau gleich erschien, bis also zwei gleiche Elemente in a und a' gleiche Lichtquantität erlangten. Nachdem dies erreicht worden, mass Lambert die Entfernungen $ao + of = af_1$ und $a'o' + o'f = a'f'$. Aus fünf Versuchen, bei denen die Entfernung $a'o'$ immer geändert wurde,

Fig. 7.

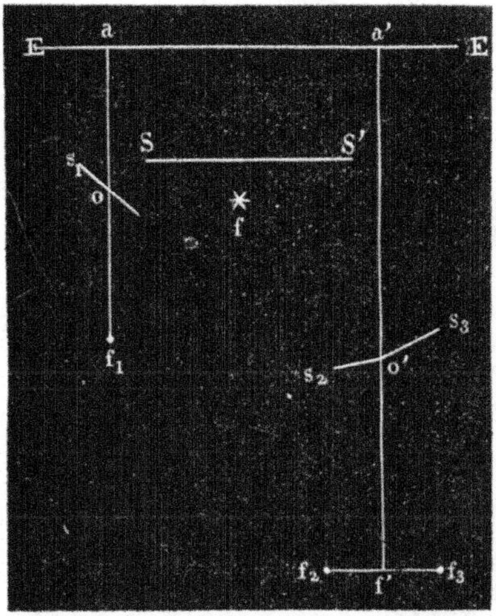

ergaben sich für das Verhältniss $\frac{af_1}{a'f'}$ fünf verhältnissmässig wenig verschiedene Werthe, deren Mittel die Zahl 0,71357 war. Dem dritten und vierten Grundgesetze zufolge ist aber, unter q die Lichtquantität für das Element in a verstanden, die für ein gleiches Element in a' $2 \cdot q \cdot \frac{af_1^2}{a'f'^2}$. Es müsste also, da beide Quantitäten gleich waren, sein:

$$2 \cdot \frac{af_1^2}{a'f'^2} = 1, \text{ oder:}$$

$$\frac{af_1}{a'f'} = \sqrt{\frac{1}{2}}.$$

Der Werth von $\sqrt{\frac{1}{2}}$ ist aber 0,70711 und weicht also wirklich von der gefundenen Verhältnisszahl nur unbedeutend ab.

Zweite Bestimmungsreihe. Statt wie beim vorigen Versuche die Spiegel s_2 und s_3 zusammenzustellen, wurden sie so aufgepflanzt, dass nahezu senkrecht über a' zwei verschieden entfernte Bilder f_2, f_3 der Flamme entstanden (Fig. 8). Hierauf wurde wieder wie vorhin der Spiegel s_1 verschoben, bis a und a' gleich hell erschienen, und alsdann die Entfernungen $as_1 + s_1f = af_1$, $a's_2 + s_2f = a'f_2$ und $a's_3 + s_3f = a'f_3$ gemessen. Bezeichnen wir nun wieder die Lichtquantität, die von f_1 auf ein Element in a trifft, mit q, so ist die von f_2 und f_3 zumal auf ein gleich grosses Element in a' fallende Quantität $q \cdot \frac{af_1^2}{a'f_2^2} + q \cdot \frac{af_1^2}{a'f_3^2}$. Es musste also, da beide Quantitäten gleich waren, sein:

Fig. 8.

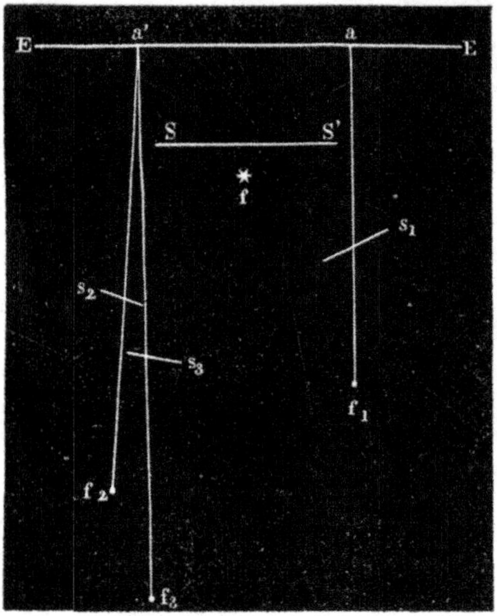

$$1 = \frac{af_1^2}{a'f_2^2} + \frac{af_1^2}{a'f_3^2}.$$

Aus vier jedesmal modificirten Versuchen ergaben sich aber für den Werth des links stehenden Ausdruckes wenig verschiedene Werthe, die als Mittel die Zahl 0,9898 lieferten, welche denn auch wirklich der Einheit nahe gleichkommt.

Ehe wir zur Anwendung der Grundgesetze und der aus ihnen fliessenden Formel übergehen, müssen wir noch folgende Bemerkungen vorausschicken.

Im Obigen haben wir stillschweigend unterstellt, dass sich das Licht in einem vollkommen durchsichtigen Mittel bewege. In einem mehr oder minder undurchsichtigen Mittel tritt noch zu der von der Ausbreitung herrührenden Schwächung diejenige, welche durch die Absorption des Mittels bedingt ist. Auf diese werden wir später erst eingehen.

Das Emanationsgesetz gilt nur für die Elemente einer leuchtenden Fläche, annäherungsweise auch für die Oberfläche eines glühenden undurchsichtigen Körpers, eines Metalles unter andern, aus dem Grunde nämlich, weil hier aus den tiefer gelegenen Theilen kein Licht herausdringt. Die Versuche Arago's lassen jedoch vermuthen, dass dies nie ganz genau der Fall ist. Arago fand nämlich, dass das unter grösseren Emanationswinkeln aus einem glühenden Körper hervordringende Licht senkrecht zu der Ebene polarisirt ist, welche die Normale und den ausströmenden Strahl aufnimmt, und dieses Factum deutet an, dass die obere Schichte des Körpers das aus tiefer gelegenen Theilen kommende Licht durchgehen lasse und dabei polarisire.

Hat man es mit einem leuchtenden Körper zu thun, der vollkommen durchsichtig ist, und dessen Brechungsquotient sich nicht merklich von der Einheit unterscheidet, so drückt sich die Lichtquantität, welche von einem körperlichen Elemente dk desselben auf ein Flächenelement df trifft, offenbar aus durch die Formel:

$$\frac{J \cdot dk \cdot df \cdot \cos i}{r^2}.$$

Hier bedeutet wieder J die Leuchtkraft des Elementes dk, i den Incidenzwinkel und r die Entfernung der beiden Elemente.

Als einen Körper von der angegebenen Beschaffenheit kann man eine glühende Gasmasse oder einen mit glühenden Molekülen ausgefüllten Raum, also z. B. eine Flamme annäherungsweise betrachten, hierbei von der Heterogeneïtät und der unvollkommenen Durchsichtigkeit abgesehen. Hinter eine Flamme gehaltene Schrift kann man durch jene hindurch lesen.

Nochmals andere Verhältnisse treten ein, wenn der leuchtende Körper zwar durchsichtig ist, aber das Licht mehr oder minder stark bricht, ein Fall, der z. B. bei einer glühenden Glasmasse eintritt. Auf eigene Beobachtung hin kann der Verfasser der Behauptung entgegentreten, dass Glas beim Glühen opak werde. Allerdings aber nahm er eine Verminderung der Durchsichtigkeit wahr.

Zweites Capitel.

Die directe Erleuchtung.

I. Von der Erleuchtung im Allgemeinen.

Ein Körper, welcher der Strahlung eines Lichtes ausgesetzt wird, das wir der Einfachheit wegen als homogen, als einfarbig unterstellen wollen, theilt dieses Licht an seiner beschienenen Oberfläche in zwei wohl zu unterscheidende Theile. Einen ersten Theil des Lichtes nämlich lässt er in sein Inneres eindringen, einen zweiten Theil strahlt er zurück. Von jenem sehen wir hier ganz ab. Was den zweiten Theil betrifft, so kann dieser erstlich in seiner Totalität dem bekannten Reflexionsgesetze gehorchen, ein Fall, der jedoch nur bei vollkommener Politur des Körpers eintreten würde, und dem wir uns nur durch möglichst vollkommene Politur annähern. Bei senkrechter Beleuchtung nehmen wir an einer noch so vollkommen geglätteten Platte immer noch unregelmässig zurückgestrahltes Licht wahr. Der erwähnte zweite Theil könnte aber andererseits auch vollständig diffundirt, d. i. unregelmässig reflectirt werden. Dies würde bei vollkommener Mattigkeit des Körpers eintreten und kann ebenfalls nur annähernd stattfinden. Selbst matte Körper, z. B. ein Blatt Papier, reflectiren mitunter bei nahe streifender Incidenz namentlich das minder brechbare Licht regelmässig. Das unregelmässig reflectirte, oder diffundirte Licht ist es nun, welches uns den Körper von allen Seiten her wahrnehmen lässt. Seine Intensität nehmen wir zum Maasse der Erleuchtung. Wir können uns die Sache hierbei so denken, als ob das einzelne Flächenelement durch die auf dasselbe fallende Lichtquantität selbstleuchtend würde. Die Kraft dieses Selbstleuchtens nehmen wir der auffallenden Quantität unter übrigens gleichen Umständen proportional an und unterstellen ferner noch, dass das nach einer gewissen Richtung hin diffundirte Licht dem Emanationsgesetze folge. In der That nämlich verhält sich im Versuche ein matter und namentlich undurchsichtiger Körper, der erleuchtet wird, ähnlich wie ein leuchtender undurchsichtiger Körper, in's Besondere wenn die zur Sprache kommenden Emanationswinkel einem Rechten nicht allzu nahe liegen.

Setzen wir verschiedene gleich gestaltete Körper in gleicher Weise derselben Lichtstrahlung aus, so werden wir bemerken, dass ihre Erleuchtung in homologen Punkten sehr verschieden ausfällt. Weisses Papier wird z. B. eine grössere Helligkeit erlangen als schwarzer Sammt. Andererseits findet man aber auch, dass ein und derselbe Körper unter übrigens gleichen Umständen von anscheinend gleich intensivem, aber verschiedenfarbigem Lichte getroffen, in der Helligkeit sehr bedeutende Unterschiede zeigen kann. Ein mit Zinnober intensiv gefärbtes Papier zeigt in einem rothen Lichtzuge eine grosse Helligkeit, während es in einem homogen grünen fast schwarz erscheint. In diesem verschiedenen Verhalten ein und desselben Körpers gegen verschiedenfarbiges Licht liegt ja eben der Grund der eigenthümlichen Farbe, welche den Körper bei einer Beleuchtung durch ein Lichtgemenge, z. B. durch weisses Licht charakterisirt. Nach allem diesen werden wir die Helligkeit oder Erleuchtung oder die Leuchtkraft eines von homogenem Lichte erleuchteten Flächenelementes durch das Product $\mu \cdot q$ darstellen können, wo μ einen von der Natur des Elementes und der Farbe des Lichtes abhängigen Coefficienten bedeutet, q aber die auf das Element fallende Quantität darstellt. Und wenn ein und dasselbe Element von den Quantitäten $q_1, q_2 \cdots$ verschiedenfarbigen Lichtes beschienen wird, so wird sich seine Helligkeit durch die Summe $\mu_1 q_1 + \mu_2 q_2 + \cdots$ ausdrücken, wo sich die Coefficienten $\mu_1, \mu_2 \cdots$ auf die verschiedenen Lichtqualitäten beziehen.

Wenn es sich darum handelt, die Beleuchtung eines gleichmässig irgendwie gefärbten Körpers durch homogenes Licht, oder eines homogen gefärbten durch irgend ein Lichtgemisch, oder eines weissen Körpers durch irgend ein Lichtgemisch zu beurtheilen, so genügt dem Obigen zufolge die Betrachtung der auf seine einzelnen Elemente fallenden Lichtquantität, ja, falls das Licht zusammengesetzt ist, die Betrachtung jener Quantität für einen seiner Bestandtheile. Dieser Quantität ist nämlich alsdann die Erleuchtung proportional. Solche Fälle werden wir hauptsächlich hier im Auge behalten, wenngleich die Behandlung zusammengesetzterer Fälle keine besonderen Schwierigkeiten darbietet, wohl aber weitschweifiger ist.

II. Von der Erleuchtung einer Fläche durch einen leuchtenden Punkt.

Bei dem einem Punkte entströmenden Lichte braucht man auf die Art der Emanation keine Rücksicht zu nehmen; die Erleuchtung eines Elementes hängt hier nur von der Entfernung der Lichtquelle, deren Leuchtkraft und der Incidenz ab. Es sei nun df das Element einer Fläche f, die dem Lichte des Punktes S ausgesetzt ist, r sei ferner die Distanz dieses Punktes und i der Incidenzwinkel. Bedeutet dann ausserdem $J \cdot d\varphi$ die Lichtquantität, welche senkrecht auf das Element $d\varphi$ fällt, wenn es dem Punkte S bis zu einer der Längeneinheit gleichen Entfernung ausgesetzt wird, so drückt sich die auf das Element df fallende Quantität aus durch:

$$q = \frac{J \cdot df \cdot \cos i}{r^2}.$$

Man denke sich das Element df in die Tangentialebene der Fläche f ausgebreitet und auf diese vom Punkte S ein Perpendikel herabgelassen. Hat dieses Perpendikel die Länge p, so ist: $\frac{p}{r} = \cos i$, und es wird:

$$q = J \cdot df \cdot \frac{p}{r^3}.$$

Dieser Ausdruck lehrt uns eine einfache Art, wie wir uns leicht eine Vorstellung von der Erleuchtung einer Fläche bilden können. Um einen bestimmten Fall vor Augen zu haben, wollen wir annehmen, es handle sich um eine geschlossene, convex-convexe Fläche. Um den Punkt S, Fig. 9, als Centrum construiren wir eine Kugel k vom Radius p' und legen an k und f alle möglichen Berührungsebenen, für welche Kugel und Fläche auf

Fig. 9.

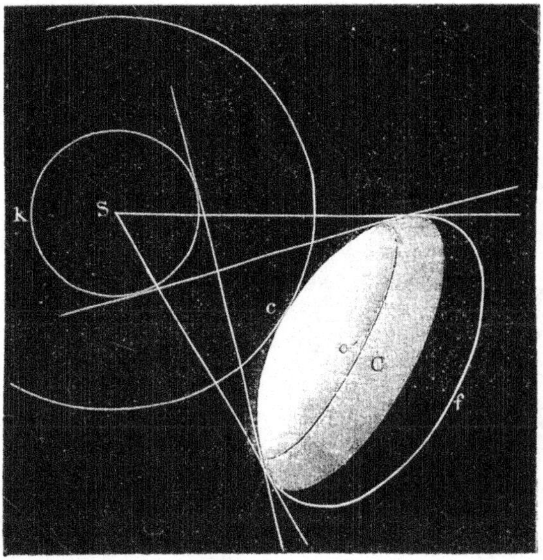

entgegengesetzten Seiten liegen. Diese Ebenen umhüllen eine conoïdische abwickelbare Fläche, welche Kugel und Fläche in denselben Punkten berührt, die auch den Tangentialebenen und diesen Flächen gemein sind. Wir wollen jene Fläche das inverse Berührungsconoïd der Kugel und Fläche nennen. Die dem Conoïde und der Fläche f gemeinschaftlichen Punkte bilden eine Berührungscurve c'. Es leuchtet nun ein, dass für sämmtliche Elemente einer solchen Curve p denselben Werth, nämlich p', bewahrt, und dass somit die Quantität q und die Erleuchtung auf dem Umfange der Curve einfach dem Cubus der Entfernung des Elementes vom Punkte S umgekehrt proportional ist. Die Punkte von c' zerfallen in Gruppen von gerader Anzahl mit gleicher Beleuchtung, und eine solche Gruppe bestimmt sich als die Durchschnitte der Curve c' und einer um S beschriebenen Kugelfläche. Wir construiren alle möglichen Berührungscurven c', indem wir den Radius von k, von Null ausgehend, stetig wachsen lassen. An jener ersten Grenze geht das inverse Conoïd in den Kegel über, dessen Spitze in S liegt, und der die Fläche

f in C berührt. Es erhellt, dass alle jenseits von C gelegenen Punkte von f kein Licht erhalten. Dieser Theil der Fläche liegt

Fig. 10.

also im Schatten; er bildet den sogenannten eigenen, oder Seiten-Schatten der Fläche. In der Grenze C des letzteren beginnt erst die Erleuchtung, indem sie von Null ausgeht, denn für die Punkte von C ist $p' = 0$, also auch $q = 0$. Während nun weiter der Radius der Kugeln k wächst, erhalten wir eine immer engere Berührungscurve, bis diese endlich an der zweiten Grenze der Kugeln k in einen Punkt c übergeht, den Punkt nämlich, in welchem sich die Fläche f und die grösstmögliche Kugel k, die ganz ausserhalb der Fläche liegt, berühren. Der Punkt c, der sogenannte glänzende Punkt *(point brillant)* erhält in unserem Falle, d. i. bei einer convex-convexen Fläche die grösste Erleuchtung. Der Punkt c liegt nämlich einerseits der Lichtquelle am nächsten und andererseits erreicht in demselben der Incidenzwinkel ein Maximum, nämlich den Werth $\frac{\pi}{2}$. Legen wir durch c und S eine Ebene, so schneidet diese die Fläche f in einem Normalschnitte d. Bei einem Fortschreiten auf dieser Curve von c aus nach der einen oder anderen Seite nimmt der

Werth der Grösse p ab, während der von r zunimmt, so dass also q und die Erleuchtung immer kleiner werden, bis sie im Durchschnitte von d und C verschwinden.

Bezeichnen wir die im Obigen eingeführten Curven c und d mit dem passenden Namen von Erleuchtungsparallelen und Erleuchtungsmeridianen, so lassen sich die allgemeinen Resultate, zu denen wir gelangt sind, wie folgt fassen.

1) Auf ein und demselben Parallele ändert sich die Erleuchtung von Punkt zu Punkt im umgekehrten Verhältnisse des Cubus der Distanz von der Lichtquelle.

2) Auf ein und demselben Meridiane nimmt die Erleuchtung vom glänzenden Punkte an beiderseits stetig bis zur Grenze der Erleuchtung ab und zwar im Verhältnisse des Werthes von $\frac{p}{r^3}$.

3) Endlich sieht man auch noch leicht ein, dass die Erleuchtung in den Punkten des Durchschnittes der Fläche f und einer Kugel, deren Mittelpunkt S ist, in geradem Verhältnisse mit der Länge des Perpendikels p steht.

Bedeutend einfacher als in dem allgemeineren Falle gestalten sich die Sachen, wenn der leuchtende Punkt in's Unendliche rückt, oder, was dasselbe besagt, wenn die Fläche f parallelen Strahlen ausgesetzt wird. Bezeichnen wir hier die Quantität des Lichtes, welches auf ein Element $d\varphi$ senkrecht auffällt, das sich in der Nähe der Fläche f befindet, mit $J \cdot d\varphi$, so drückt sich die Quantität, welche das Element df erhält, aus durch:

$$q = J df \cdot \cos i,$$

da hier die Entfernung r für alle Elemente dieselbe ist. Die Grenze der Beleuchtung ist die Curve, in welcher die Fläche f von einem Cylinder berührt wird, dessen Axe der Richtung der Strahlen parallel ist. Der glänzende Punkt ist der Berührungspunkt einer auf der Strahlung senkrechten Tangentialebene von f. Die Parallelcurven werden durch Conoïde bestimmt, deren Tangentialebenen gegen die Richtung der Strahlen dieselbe Neigung bewahren. Auf ein und demselben Parallele herrscht überall dieselbe Erleuchtung, auf demselben Meridiane aber nimmt dieselbe vom glänzenden Punkte an beiderseits wie der Cosinus der Incidenz ab. Wir wollen beispielsweise ein Ellipsoïd betrachten. Seine Axengleichung sei:

$$\frac{x^2}{a^2}+\frac{y^2}{b^2}+\frac{z^2}{c^2}=1.$$

Die Richtung der Strahlen bilde mit den Axen die Winkel α, β, γ. Wenn nun i der Incidenzwinkel im Punkte (x', y', z') ist, so hat man:

$$\cos i=\frac{\frac{x'}{a^2}\cos\alpha+\frac{y'}{b^2}\cos\beta+\frac{z'}{c^2}\cos\gamma}{\sqrt{\left(\frac{x'}{a^2}\right)^2+\left(\frac{y'}{b^2}\right)^2+\left(\frac{z'}{c^2}\right)^2}}.$$

Die Coordinaten aller Punkte, für welche i, also auch die Beleuchtung constant ist, genügen somit der Gleichung:

$$\left(\frac{x}{a^2}\cos\alpha+\frac{y}{b^2}\cos\beta+\frac{z}{c^2}\cos\gamma\right)^2=\cos i^2\left[\left(\frac{x}{a^2}\right)^2+\left(\frac{y}{b^2}\right)^2+\left(\frac{z}{c^2}\right)^2\right],$$

welche einem Kegel des zweiten Grades angehört, dessen Spitze im Mittelpunkte des Ellipsoïdes liegt. Der Durchschnitt dieses Kegels mit dem Ellipsoïde bestimmt somit eine Erleuchtungsparallele, deren Punkte gleiche Helligkeit zeigen. Setzen wir $i=0$, so erhalten wir für die Gleichung des Durchmessers, welcher im glänzenden Punkte ausläuft:

$$\left(\frac{x}{a^2}\cos\alpha+\frac{y}{b^2}\cos\beta+\frac{z}{c^2}\cos\gamma\right)^2=\left[\left(\frac{x}{a^2}\right)^2+\left(\frac{y}{b^2}\right)^2+\left(\frac{z}{c^2}\right)^2\right].$$

Und setzen wir $i=\frac{\pi}{2}$, so kommt für die Gleichung des der Beleuchtungsgrenze entsprechenden Kegels:

$$\left(\frac{x}{a^2}\cos\alpha+\frac{y}{b^2}\cos\beta+\frac{z}{c^2}\cos\gamma\right)^2=0.$$

Der Kegel artet also hier in zwei zusammenfallende Diametralebenen aus, diejenigen nämlich, welche der Richtung der Strahlen conjugirt sind. Jene Grenze ist also eine ebene Ellipse.

Geht das Ellipsoïd in eine Kugel über, so werden die im Obigen vorkommenden Kegel Rotationskegel, deren gemeinsame Axe in denjenigen Durchmesser fällt, welcher der Strahlung parallel ist. Betrachten wir diesen auch als Axe der Kugel, so dürfen wir sagen, dass der glänzende Punkt in den Pol zu liegen kommt, dass die Beleuchtungsparallele in Parallelkreise, die Beleuchtungsgrenze in den Aequator übergeht, und dass die Beleuchtung dem Cosinus der Poldistanz oder dem Sinus der Breite proportional ist.

Bei der wissenschaftlichen Zeichnung von Gegenständen, Instrumenten etc. nehmen wir immer an, dass sie nahezu parallelen Strahlen ausgesetzt sind, die mit der Horizontalebene einen Winkel von 45° bilden, und deren Horizontalprojection denselben Winkel mit der Verticalebene bildet. Bei einer solchen Darstellung sind aber ausser den besprochenen Verhältnissen noch die folgenden Punkte zu beachten. Der darzustellende Gegenstand empfängt nicht allein von der directen Strahlung, sondern auch von den ihn umgebenden Gegenständen sein Licht. Die einfachste und allgemeinste Annahme, die man über die Wirkung des letzteren machen kann, ist nun die, dass das von der Umgebung herkommende sogenannte Reflexlicht den Effect des directen Lichtes störend, gerade diesem entgegengesetzt wirkt. Wir denken uns daher eine der directen parallele, aber von entgegengesetzter Seite herkommende und bedeutend schwächere Strahlung und tragen dieser Rechnung. Ihre Wirkung beschränkt sich auf den Raum des eigenen Schattens.

Die Beleuchtung eines gegen den Hintergrund stehenden Körpers wird im Allgemeinen ferner durch die vorderen Gegenstände gestört. In den ganzen Raum nämlich, der hinter einem erleuchteten Gegenstande und innerhalb des Kegels gelegen ist, dessen Spitze in dem nahen oder fernen leuchtenden Punkte liegt, und der den beleuchteten Körper berührt, wird offenbar von der Lichtquelle kein Strahl hindringen können. Derjenige Theil der Oberfläche eines hinteren Körpers, welcher in diesem Schattenkegel liegt, ist daher dunkel und heisst der vom vorderen Körper auf den hinteren geworfene Schlagschatten. Die Fig. 11 stellt eine nach den vorhergehenden Principien gezeichnete freie Kugel ohne Umgebung dar, die ihr Licht von parallelen Strahlen erhält, und die Fig. 12 stellt dieselbe Kugel, auf eine horizontale Ebene ge-

Fig. 11.

Fig. 12.

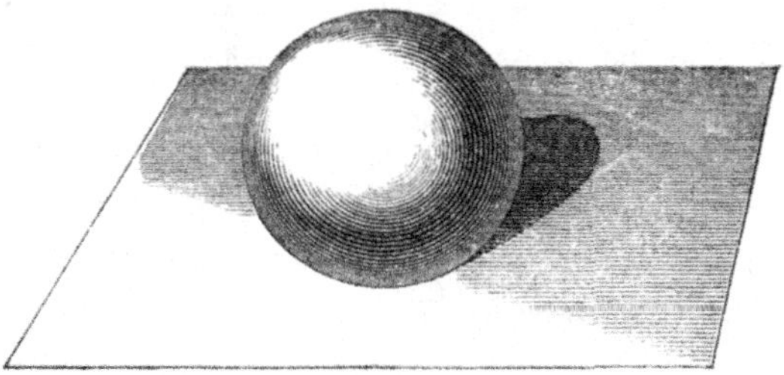

stellt, mit ihrem Reflexlichte und ihrem Schlagschatten dar. Nur in Ausnahmsfällen dürfen jedoch die erleuchtenden Strahlen als absolut parallel oder aus einem einzigen Punkte divergirend betrachtet werden. Daher entstehen denn auch im Allgemeinen keine scharf begrenzten Schlagschatten und ist ihr Uebergang zu der beschatteten Fläche durch den meistens schmalen Saum des sogleich näher betrachteten Halbschattens zu vermitteln. — Der Schwächung des Lichtes durch die Absorption der Luft, wodurch weiter abstehende Gegenstände dunkler erscheinen, wird durch die sogenannte Luftperspective Rechnung getragen.

Wenn ein und dieselbe Fläche mehren Strahlungen zugleich ausgesetzt wird, so summiren sich in den einzelnen Punkten einfach die von den verschiedenen Lichtquellen herkommenden Quantitäten, und der Summe dieser letzteren ist die Erleuchtung proportional. Einen hierher gehörigen Fall, die Erleuchtung einer Fläche durch mehre parallele Strahlungen, hat Breton in Liouville's *Journal de mathématiques*, Febr. 1852, näher behandelt.

III. Von der Erleuchtung einer Fläche durch eine Fläche.

1. Allgemeines.

Um gleich Anfangs einen Blick auf die allgemeineren Fälle zu erlangen, welche bei der Beleuchtung einer Fläche durch eine andere Fläche eintreten können, wollen wir annehmen, es sei f, Fig. 13, die leuchtende, f' die erleuchtete Fläche und K ein undurchsichtiger Körper zwischen beiden Flächen. Alle drei Flächen wollen wir der Einfachheit wegen als geschlossen und convex-convex unterstellen. Construiren wir nun das adverse und inverse Umhüllungsconoïd C und C' der leuchtenden Fläche und des undurchsichtigen Körpers; so begrenzen die Durchschnittscurven G und G' der beiden Conoïde und der beleuchteten Fläche auf dieser drei in Bezug auf die Art ihrer Erleuchtung wesentlich verschiedene Räume S, S' und S''. Ein Punkt des ersten ausserhalb der Curve G' gelegenen Raumes nämlich erlangt offenbar von allen denjenigen Theilen der Fläche f Lichtstrahlen, welche von dem Punkte aus überhaupt nur sichtbar sind. Wir nennen daher diesen Raum den Raum der totalen Erl e u c h t u n g. Andererseits gelangt zu keinem Punkte des von der Curve G umschriebenen Raumes S'' ein Lichtstrahl der Fläche f

Fig. 13.

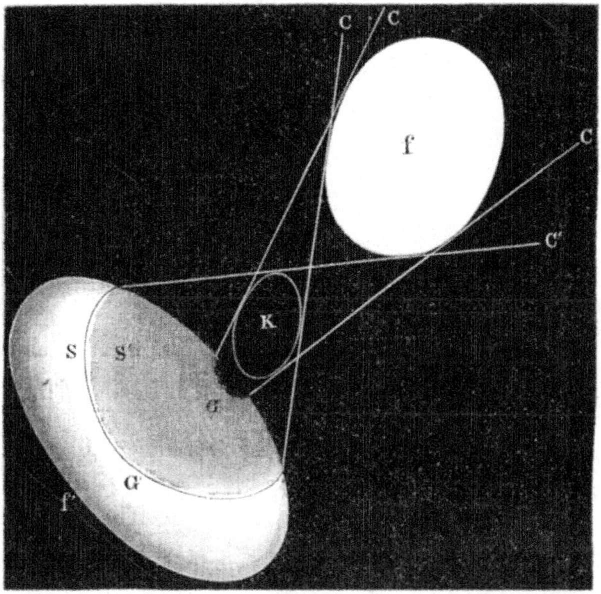

der Raum S'' heisst daher der K e r n s c h a t t e n des Körpers K. Den Uebergang vom Raume S zum Raume S'' bildet S', welches von den Curven G und G' eingeschlossen ist. Ein Punkt des Raumes S' erlangt nicht von allen Punkten der leuchtenden Fläche, die von ihm aus sichtbar wären, wenn K nicht vorhanden wäre, Licht. Ein Theil dieser Punkte ist vielmehr eben durch K verfinstert, und es leuchtet ein, dass der verfinsterte Theil von f um so grösser wird, je weiter man, allgemein gesprochen, von der Curve G' zur Curve G vorschreitet. Der Raum S' heisst H a l b s c h a t t e n. Und Halbschatten und Kernschatten machen den Schatten von K schlechtweg aus. Man sagt auch, dass für einen Punkt des Raumes S' die Fläche f durch den Körper K p a r t i a l und für einen solchen im Raume S'' t o t a l verfinstert sei.

Indem wir den Grössen J, df, etc. die bisher immer gebräuchliche Bedeutung beilegen, erhalten wir für die Quantität des Lichtes, welches von einem Elemente von f auf ein solches von f' auffällt, sobald letzteres nur überhaupt weder im Kernschatten noch im eigenen Schatten von f liegt, den Ausdruck

$$q = \frac{J \cdot \mathrm{d}f \cdot \mathrm{d}f' \cdot cos\, e \cdot cos\, i}{r^2}.$$

Und hiernach ergibt sich für die Lichtquantität, welche $\mathrm{d}f'$ von dem ganzen wirksamen Theile von f erlangt, der Ausdruck:

$$Q = \Sigma \frac{1}{r^2} \cdot J \cdot \mathrm{d}f \cdot \mathrm{d}f' \cdot cos\, e \cdot cos\, i,$$

wo die Summation auf alle von $\mathrm{d}f'$ aus sichtbaren Elemente von f auszudehnen ist. Dieser Theil von f wird aber ersichtlich einerseits von einem Theile der Curve begrenzt, in welcher die Fläche f von einem Kegel berührt wird, der ihr umschrieben ist, und dessen Spitze in $\mathrm{d}f'$ liegt, andererseits aber noch von einem Theile der Curve, in welcher f von demjenigen Kegel geschnitten wird, dessen Spitze in $\mathrm{d}f'$ liegt, und der dem verfinsternden Körper K umschrieben ist.

Ehe wir zu der wirklichen Auswerthung von Q für besonders interessante Fälle übergehen, wollen wir noch einige aus jenem Ausdrucke ohne Weiteres fliessende Theoreme aufstellen.

Die Lichtquantität, welche das Element $\mathrm{d}f'$ von der Fläche f, die überall dieselbe Leuchtkraft J besitze, zugestrahlt erhält, drückt sich dem Obigen zufolge aus durch:

$$Q = J\Sigma\, \mathrm{d}f \cdot df' \cdot cos\, e \cdot cos\, i \cdot \frac{1}{r^2}.$$

Sohin ist die Lichtquantität, welche den ganzen erleuchteten Theil von f' trifft:

$$1)\quad \mathfrak{Q} = J\Sigma'\Sigma\, \mathrm{d}f \cdot \mathrm{d}f' \cdot cos\, e\; cos\, i \cdot \frac{1}{r^2},$$

wenn sich die Summation Σ' über die Elemente jenes Theiles erstreckt. Ist aber zweitens auch die Fläche f' selbstleuchtend, und zeigt sie überall die Intensität J', so ist die Lichtquantität, welche von ihr auf die Fläche f übergeht:

$$2)\quad \mathfrak{Q}' = J'\, \Sigma\Sigma'\, \mathrm{d}f \cdot \mathrm{d}f' \cdot cos\, e \cdot cos\, i \cdot \frac{1}{r^2}.$$

Aus 1) und 2) folgt aber, da die Doppelsummen offenbar gleich sind:

$$\frac{\mathfrak{Q}}{\mathfrak{Q}'} = \frac{J}{J'}.$$

Und in dem besonderen Falle, wo die Leuchtkräfte gleich sind, wird auch $\mathfrak{Q} = \mathfrak{Q}'$.

Die Lichtquantitäten, welche zwei leuchtende Flächen austauschen, sind somit den Leuchtkräften proportional.

Von grosser Bedeutung für das Spätere wird die folgende Betrachtung sein. Das Element df', Fig. 14, sei der Strahlung einmal der Fläche f_1, dann der Fläche f_2 ausgesetzt. Diese Flächen seien von ein und demselben Kegel, dessen Spitze in df' liege, begrenzt, und in je zwei Punkten, die wie df_1 und df_2 auf demselben Radius vector liegen, finde sich dieselbe Leuchtkraft. Man schneide nun aus der einen und anderen Fläche durch ein und denselben Kegel, dessen Spitze in df' liegt, ein Element df_1 und df_2 heraus. Eben dieser Kegel schneide noch aus der um df' als Mittelpunkt gelegten Kugelfläche K das Element $d\varphi$ heraus. Die Quantität Lichtes, welche von df_1 auf df' trifft, ist alsdann, wenn noch für die Entfernungen der Elemente von df' bezüglich r_1 und r_2 und für die Emanationswinkel e_1 und e_2 gesetzt wird:

Fig. 14.

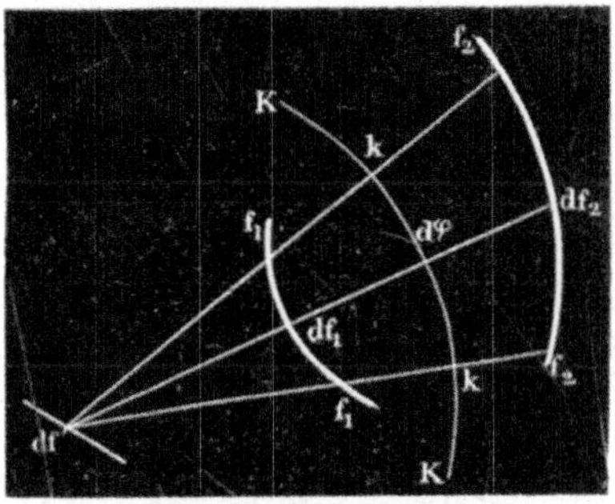

$$q_1 = J \cdot df_1 \cdot df' \cdot \cos e_1 \cdot \cos i \cdot \frac{1}{r_1^2}.$$

Ebenso findet man für die von df_2 auf df' strömende Quantität:

$$q_2 = J \cdot df_2 \cdot df' \cdot \cos e_2 \cdot \cos i \cdot \frac{1}{r_2^2}.$$

Nehmen wir an, dass in $d\varphi$ ebenfalls die Leuchtkraft J vorhanden sei, und bezeichnen die Entfernung jenes Elementes von df' mit r, so ergibt sich für die von $d\varphi$ auf df' gelangende Quantität der Ausdruck:

$$q = J \cdot d\varphi \cdot df' \cdot \cos i \cdot \frac{1}{r^2}.$$

Es ist nun aber, wie man leicht sieht:

$$\frac{\cos e_1\, df_1}{r_1^{\,2}} = \frac{d\varphi}{r^2} = \frac{\cos e_2\, df_2}{r_2^{\,2}},$$

und somit auch:

$$q_1 = q = q_2,$$

d. h. das Element df' erlangt von jedem der drei Elemente df_1, $d\varphi$, df_2 gleiche Lichtquantität. Denken wir uns in jedem Punkte der Kugelfläche dieselbe Leuchtkraft wie in den entsprechenden Punkten der Flächen f_1 und f_2, so folgt auch noch, dass das Element von jeder der drei zwischen dem Kegel gelegenen Flächen gleiche Lichtquantität erhält. Besonders wichtig für uns ist noch der unmittelbar sich ergebende Satz, dass man, ohne Etwas in der Erleuchtung von df' zu ändern, jede leuchtende Fläche $f_1 f_1$ ersetzen könne durch denjenigen Theil kk einer mit beliebigem Radius um df' gelegten Kugelfläche K, welcher von dieser durch einen Kegel herausgeschnitten wird, dessen Spitze in df' liegt, und dessen Directrix der Umfang von $f_1 f_1$ ist, sobald man nur in jedem Punkte der sphärischen Fläche dieselbe Intensität anbringt, wie sie in dem auf dem Radius dieses Punktes gelegenen Punkte der Fläche herrscht.

Obgleich der Radius der Kugel K ganz beliebig ist, so werden wir doch in der Folge der Bequemlichkeit wegen für K das Himmelsgewölbe nehmen und dessen Radius gleich der Einheit setzen. Dabei werden wir ferner die Ebene des Elementes df' als Horizont betrachten und uns der Nomenclatur der sphärischen Astronomie bedienen.

Aus dem zuletzt gefundenen Satze lassen sich ohne Weiteres schon sehr interessante Folgerungen ziehen, von denen wir einige hier mittheilen wollen.

Das Element df' sei z. B. der Strahlung einer ebenen Figur, etwa eines Dreieckes ausgesetzt, dessen Leuchtkraft in allen Punkten dieselbe sei. Legen wir durch df' und die Seiten des Dreieckes Ebenen, so schneiden diese aus dem Himmelsgewölbe ein sphärisches Dreieck aus, das, wenn es dieselbe Leuchtkraft wie das ebene Dreieck hat, dem Elemente df' auch dieselbe Lichtquantität wie dieses zuschickt.

Auf das Element df' scheine ein in allen Punkten gleich stark leuchtendes Ellipsoïd. Die Erleuchtung des Elementes kommt dann derjenigen der sphärischen Ellipse gleich, welche der Kegel, dessen Spitze in df' liegt, und der das Ellipsoïd umhüllt, aus dem Himmelsgewölbe herausschneidet, wofern nur die Ellipse ebenso stark leuchtet wie das Ellipsoïd.

Nähern wir Element und Ellipsoïd, bis sie sich berühren, so erweitert sich die sphärische Ellipse, bis sie endlich in die Hemisphäre übergeht. Wenden wir dies auf Sonne und Erde an, indem wir jene als eine überall gleichstark leuchtende Fläche betrachten, so folgt, dass wenn die Erde an die Sonne gerückt würde, die Erleuchtung der Erde in dem Berührungspunkte beider Gestirne dieselbe sein würde wie die eines Punktes, dessen Himmelsgewölbe allenthalben die Leuchtkraft der Sonnenscheibe zeigte. Es darf jedoch die Sonne nur annäherungsweise als eine leuchtende Fläche von constanter Leuchtkraft angesehen werden, da sich sowohl durch die Sonnenflecken und Sonnenfackeln eine Discontinuität, die noch obendrein variabel ist, verräth, als auch die äussere Hülle der Sonne wohl nicht als absolut undurchsichtig angesehen werden darf. Aus dem Umstande aber, dass wir ohne besondere Hülfsmittel die Sonne wirklich als Scheibe wahrnehmen, folgt, dass jene Annahme wenigstens annähernd gestattet werden darf.

2. Erleuchtung durch eine mit dem Horizonte parallele Zone.

Eine volle Zone der Hemisphäre HZH', Fig. 15, deren Mittelpunkt das Zenith Z, und deren Basis der Parallelkreis aa' ist, scheine auf den Horizont HH' mit der Leuchtkraft J. Wie gross ist die Lichtquantität, welche auf das im Mittelpunkte C des Horizontes befindliche Element df' trifft?

Fig. 15.

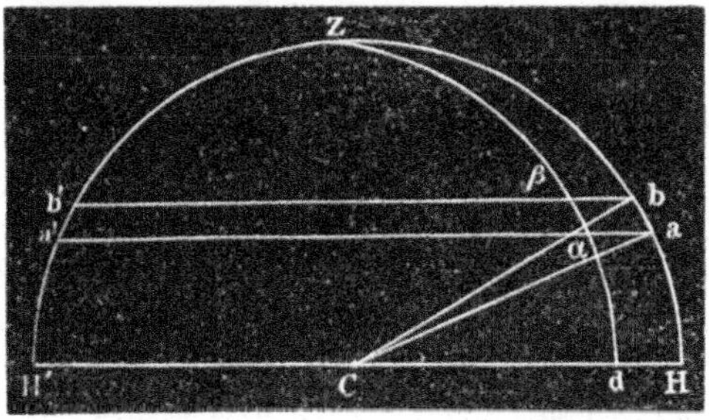

Indem wir die Zenithdistanz durch z, die Azimuthe durch y

bezeichnen, sei $ab = \mathrm{d}z$ und $Hd = \mathrm{d}y$. Der Inhalt des Elementes $a\alpha\beta b$ ist dann:

$$\mathrm{d}f = \sin z\,\mathrm{d}y \cdot \mathrm{d}z.$$

Der Emanationswinkel des von diesem Elemente auf $\mathrm{d}f'$ gelangenden Lichtes ist $\frac{\pi}{2}$ und der Incidenzwinkel z. Und da die Entfernung der Elemente der Einheit gleich ist, so haben wir für die von $\mathrm{d}f$ auf $\mathrm{d}f'$ gelangende Lichtquantität:

$$q = J \sin z \cos z \cdot \mathrm{d}y \cdot \mathrm{d}z \cdot \mathrm{d}f'.$$

Bezeichnen wir also den scheinbaren Halbmesser der von C aus betrachteten Zone, d. i. den Winkel Za durch z', so ist also die von der ganzen Zone auf $\mathrm{d}f'$ treffende Lichtquantität:

$$Q = J\mathrm{d}f' \cdot \int_0^{2\pi} \mathrm{d}y \int_0^{z'} \mathrm{d}z \cdot \sin z \cos z = J\mathrm{d}f' \cdot \pi \sin z'^2.$$

Setzen wir $z' = \frac{\pi}{2}$, so geht die Zone in die Hemisphäre über, und für das von dieser zugeschickte Licht kommt der Ausdruck:

$$Q = J\mathrm{d}f' \cdot \pi.$$

Aus dem Ausdrucke für die Lichtquantität einer vollen Zone lässt sich der für eine ringförmige leicht ableiten. Der grössere und kleinere scheinbare Halbmesser einer mit dem Horizonte parallelen Ringzone sei z_2 und z_1. Die von jener herkommende Lichtquantität ist offenbar der Differenz der Quantitäten zweier vollen Zonen gleich, deren scheinbare Halbmesser z_2 und z_1 sind. Wir finden somit für die Quantität der ringförmigen Zone:

$$Q = J\mathrm{d}f' \cdot \pi\,(\sin z_2{}^2 - \sin z_1{}^2).$$

Auf die Berechnung der Erleuchtung durch eine horizontale Zone reducirt sich schon eine grosse Menge interessanter photometrischer Probleme, von denen einige hier aufgeführt werden sollen.

Die Erleuchtung des Elementes $\mathrm{d}f'$ durch eine dem Horizonte parallele Kreisfläche, deren Mittelpunkt senkrecht über $\mathrm{d}f'$ liegt, kommt der durch eine Zone gleich, deren scheinbarer Halbmesser dem des Kreises gleich ist. Dasselbe gilt von einer leuchtenden Fläche, um die sich von $\mathrm{d}f'$ aus ein Rotationskegel beschreiben lässt, dessen Axe durch das Zenith geht, also z. B. für eine Kugel, deren Mittelpunkt senkrecht über $\mathrm{d}f'$ liegt. Ist R der Radius einer solchen Kugel und D die Distanz ihres Centrums von df', so hat man, unter ϱ ihren scheinbaren Halbmesser verstanden:

$$\sin \varrho = \frac{R}{D}.$$

Wenn also J die Leuchtkraft der Kugel bedeutet, so erlangt df' die Lichtquantität:

$$Q = J df' \cdot \frac{\pi R^2}{D^2},$$

oder, wenn O die Oberfläche der Kugel ist:

$$Q = \frac{1}{4} J df' \cdot \frac{O}{D^2}.$$

Die Lichtquantität ist also der Oberfläche gerade und dem Quadrate der Entfernung zwischen dem Centrum und dem Elemente umgekehrt proportional.

Auf die Beleuchtung durch eine ringförmige horizontale Zone reducirt sich die durch einen dem Horizonte parallelen ebenen oder beliebigen Rotationsring, dessen Mittelpunkt senkrecht über dem Elemente liegt, oder dessen Axe durch das Zenith geht, überhaupt die Beleuchtung durch irgend eine das Element umschliessende Fläche, deren von diesem aus gesehenen Ränder auf zwei Parallelkreisen liegen.

Wir dürfen von dem Probleme über die Erleuchtung durch eine Zone nicht zu einem neuen übergehen, ohne aus demselben eine wichtige Bemerkung über das absolute Maass der Erleuchtung abzuleiten, die wir bisher bloss als der auffallenden Lichtquantität proportional angesehen haben. Es seien EE und $E'E'$ zwei parallele unbegrenzte Ebenen, von denen jene allenthalben mit der Leuchtkraft J Licht entsende. Das Element df' erlangt alsdann dem soeben behandelten Probleme gemäss die Lichtquantität:

$$Q' = J df' \cdot \pi.$$

In Folge der Erleuchtung kann nun die Ebene $E'E'$ als selbstleuchtend angesehen werden mit einer gewissen Leuchtkraft J', die offenbar in allen Punkten der Ebene dieselbe sein muss. Hiernach erhält das dem Elemente df' gleiche Element df von EE durch die ganze Ebene $E'E'$ die Lichtquantität:

$$Q = J' df \cdot \pi.$$

Nehmen wir nun an, dass $E'E'$ kein Licht vernichtet, also alles

Licht, welches es erhält, wieder von sich gibt, so muss EE ebensoviel Quantität empfangen als $E'E'$, und demnach muss auch $Q = Q'$ sein und folglich auch $J = J'$. Hieraus folgt: Strahlt auf ein Element df', welches absolut weiss ist, d. h. welches kein Licht vernichtet, sondern alles empfangene Licht wieder von sich strahlt, die Lichtquantität q, so verhält es sich so, als ob es selbstleuchtend wäre und zwar mit einer Leuchtkraft, die ausgedrückt wird durch $\frac{q}{\pi \cdot df'}$.

Einen absolut weissen Körper giebt es aber in der Natur nicht. Unser Element df' wird daher auch nicht die ganze empfangene Lichtmenge ausstrahlen und nicht mit der vollen Intensität $\frac{q}{\pi \cdot df'}$ leuchten, sondern nur mit einem Theile derselben, den wir, unter μ einen ächten Bruch verstanden, darstellen können durch $\mu \cdot \frac{q}{\pi \cdot df'}$. Den Coefficienten μ wollen wir den Coëfficienten oder das Maass der Weisse oder besser noch Erleuchtungscoefficienten nennen. Er ändert sich von Körper zu Körper und von Farbe zu Farbe. Ganz Analoges wie von der Erleuchtung und dem durch Reflexion diffundirten Lichte gilt offenbar auch von der Transparenz und dem durch Refraction diffundirten Lichte. Wir können daher auch von einem Transparenzcoëfficienten sprechen.

Um die letzten Resultate auf einen besonderen Fall anzuwenden, sei z' der scheinbare Halbmesser einer horizontalen Zone, die in rothem Lichte mit der Intensität J leuchtet, und df' ein horizontales Element, dessen Erleuchtungscoëfficient für rothes Licht μ sei. Das Element erhält die Lichtquantität:

$$Q = J\, df' \cdot \pi \sin z'^2.$$

Es verhält sich also den vorhergehenden Bemerkungen zufolge, als ob es leuchte mit der Intensität:

$$\mu \cdot \frac{Q}{\pi \cdot df'} = \mu \cdot J \cdot \sin z'^2.$$

Unter Grösse der Erleuchtung oder Helligkeit werden wir nun eben diese Intensität, mit welcher das erleuchtete Element selbst leuchtet, verstehen.

Die Erleuchtung des besprochenen Elementes durch eine rothglühende Metallkugel, deren Intensität J, deren Radius R und deren Distanz D ist, drückt sich also aus durch:

$$\frac{\mu J R^2}{D^2}.$$

3. Erleuchtung durch einen irgendwie gelegenen sphärischen Kreis.

In dem vorhergehenden Probleme handelte es sich um die Erleuchtung durch einen sphärischen Kreis oder Ring, dessen Mittelpunkt im Zenithe lag. Jetzt soll aber der Fall betrachtet werden, wo die Lage des Mittelpunktes ganz beliebig ist. In Fig. 16 sei o dieser Mittelpunkt, und um denselben seien die kleinen Kreise k_1 und k_2 mit den Radien r_1 und r_2 (diese als Bogen grösster Kreise gedacht) beschrieben. Aus dem zwischen ihnen gelegenen Ringe werde durch die Bogen ob und ob' das Viereck $aa'b'b$ herausgeschnitten. Wir zerlegen diese Figur durch gleichweit von einander abstehende Parallelkreise, deren Pol der Punkt o ist, und durch gleichweit von einander abstehende Bogen grösster Kreise, die durch den Punkt o gehen, in unendlich viele unendlich kleine viereckige Elemente.

Fig. 16.

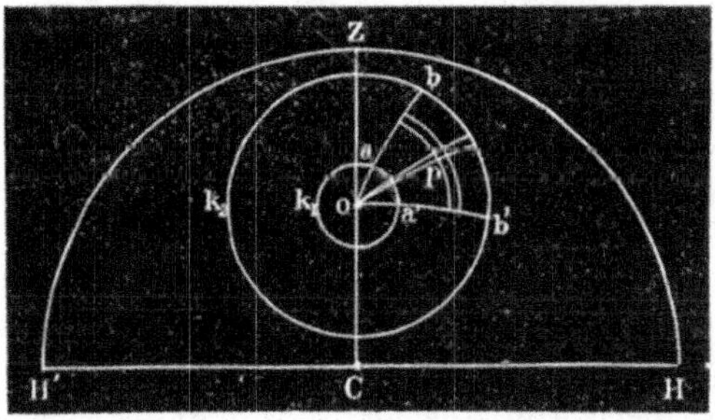

Eines von diesen, df, liege in p. Bezeichnen wir nun die Entfernung des Elementes df von o mit ϱ und den Winkel zwischen dem Bogen op und dem durch o gehenden Verticalkreise ZoC mit φ, so ist die eine Seite des Elementes $d\varrho$, die darauf senkrechte $\sin \varrho \cdot d\varphi$; der Inhalt des Elementes also:

$$df = \sin \varrho \cdot d\varphi \, d\varrho.$$

Unter z die Zenithdistanz des Elementes verstanden, drückt sich mithin die Lichtquantität, welche von ihm auf df' übergeht, aus durch:

$$q = J\,df' \cdot \sin\varrho \cos z \, d\varphi \, d\varrho.$$

Nun liefert aber das sphärische Dreieck Zop, wenn die Zenithdistanz des Centrums o durch z' bezeichnet wird:

$$\cos z = \cos\varphi \cdot \sin z' \sin\varrho + \cos z' \cos\varrho.$$

Für q können wir also setzen:

$$q = J\,df' \,(\sin z' \cos\varphi \sin\varrho^2 + \cos z' \sin\varrho \cos\varrho)\, d\varphi\, d\varrho.$$

Für die vom ganzen Vierecke $aa'b'b$ herkommende Lichtquantität ergibt sich also der Ausdruck:

$$Q = J\,df' \int_{r_1}^{r_2} d\varrho \int_{\varphi_1}^{\varphi_2} d\varphi \,(\sin z' \cos\varphi \sin\varrho^2 + \cos z' \sin\varrho \cos\varrho)$$

$$= \frac{1}{2} J\,df' \,(\sin z' [\sin\varphi_2 - \sin\varphi_1] \left[(r_2 - r_1) - \frac{1}{2}(\sin 2r_2 - \sin 2r_1)\right]$$

$$- \frac{1}{2} \cos z' [\varphi_2 - \varphi_1] [\cos 2r_2 - \cos 2r_1]).$$

Aus dieser allgemeineren Formel leiten wir sofort die folgenden interessanten besonderen Fälle ab.

1) Setzen wir $r_1 = o$, so geht das Viereck in den Sector bob' über, für welchen wir finden:

$$Q = \frac{1}{2} J\,df' \,(\sin z' [\sin\varphi_2 - \sin\varphi_1] \left[r_2 - \frac{1}{2}\sin 2r_2\right]$$

$$+ \cos z' [\varphi_2 - \varphi_1] \sin r_2{}^2).$$

Fällt im Besonderen noch o in's Zenith, so wird die Erleuchtung von der Lage des Sectors unabhängig, und es kommt:

$$Q = \frac{1}{2} J\,df' \,(\varphi_2 - \varphi_1) \sin r_2{}^2.$$

Wird obendrein noch $r_2 = \frac{\pi}{2}$, so erhalten wir für die von dem Sector zwischen zwei Verticalkreisen zugeschickte Lichtquantität:

$$Q = \frac{1}{2} J\,df' \,(\varphi_2 - \varphi_1).$$

2) Wird $r_1 = o$ gesetzt, und rücken wir o in den Horizont, so erhalten wir, indem wir $\varphi_1 = -\frac{\pi}{2}$, $\varphi_2 = \frac{\pi}{2}$ setzen, für die Quantität, welche ein auf dem Horizonte stehender Halbkreis vom Radius r_2 zuschickt:

$$Q = J\,\mathrm{d}f' \left(r_2 - \frac{1}{2}\,sin\,2r_2\right).$$

3) Nehmen wir für die Grenzen φ_1 und φ_2 bezüglich $-\pi$ und $+\pi$, so erhalten wir die Lichtquantität, welche ein leuchtender Ring mit den Radien r_2 und r_1 und der Zenithdistanz z' einem Elemente des Horizontes zuschickt, ausgedrückt durch:

$$Q = \frac{1}{2}\,J\,\mathrm{d}f' \cdot cos\,z' \,(cos\,2r_1 - cos\,2r_2)\,\pi.$$

Und verschwindet hier noch r_1, d. h. geht der Lichtring in eine volle Kreisscheibe vom scheinbaren Halbmesser r_2 über, so kommt:

$$Q = J\,\mathrm{d}f' \cdot cos\,z'\,sin\,r_2{}^2\,\pi.$$

Mittelst des Vorhergehenden sind wir im Stande, alle diejenigen photometrischen Probleme zu lösen, bei welchen es sich um die Erleuchtung durch eine Fläche handelt, die, von dem Elemente aus betrachtet, durch zwei Rotationskegel, deren Spitzen im Elemente liegen, und deren Axen zusammenfallen, und durch zwei durch die gemeinschaftliche Axe der Kegel gehenden Ebenen begrenzt wird. Die betrachteten Fälle lassen sich annäherungsweise auch auf die Erleuchtung des Horizontes durch die Sonne ausdehnen, abgesehen hierbei von der Discontinuität der Leuchtkraft auf der Sonne und von den Modificationen, welche die unvollkommen durchsichtige und lichtbrechende Erdatmosphäre bedingt.

Aus Nro. 3 ersehen wir, dass die Erleuchtung des Horizontes durch die Sonne unter den angegebenen Voraussetzungen dem Cosinus der Zenithdistanz derselben proportional ist, bis zu dem Punkte, wo die Sonne den Horizont berührt. Von diesem Momente an nimmt die Erleuchtung rascher nach anderen später mitgetheilten Gesetzen ab. Die Erleuchtung durch die halb über den Horizont hervorragende Sonnenscheibe wird durch die Formel von Nro. 2 dargestellt.

Die Formel in Nro. 3 findet auch ihre Anwendung bei der

Verfinsterung der Sonne für den Fall, dass die Mondscheibe ganz auf die Scheibe der Sonne zu liegen kommt. Ist nämlich in diesem Falle r, z der scheinbare Halbmesser und die Zenithdistanz der Sonne und r', z' die des Mondes, so ist die Erleuchtung durch den frei gebliebenen Theil der Sonne offenbar:

$$Q = J\,\mathrm{d}f' \cdot \pi\,(\cos z \cdot \sin r^2 - \cos z' \cdot \sin r'^2).$$

Endlich machen wir noch darauf aufmerksam, dass nach Nro. 3 die Erleuchtung eines Elementes durch eine leuchtende Kugel unter übrigens gleichen Umständen dem Quadrate des scheinbaren Halbmessers direct, also dem Quadrate der Entfernung des Mittelpunktes umgekehrt proportional ist.

4. Erleuchtung durch einen heterogenen sphärischen Kreis.

Um einen Begriff von dem Gange zu geben, den der photometrische Calcül in solchen Fällen nehmen muss, wo die erleuchtende Fläche nicht überall dieselbe Leuchtkraft besitzt, führen wir die beiden folgenden Probleme vor.

A. Man denke sich einen Theil der Hemisphäre, der von einem kleinen Kreise K_2, Fig. 16, umgrenzt wird, transparent und durch die Strahlen der Sonne, die wir als parallel betrachten wollen, und die nach der Richtung oC auffallen sollen, erleuchtet. Wie gross ist die von dem Kreise herrührende Erleuchtung in C?

Dehnen wir das bereits über die Erleuchtung Gefundene auf die Transparenz aus, so drückt sich, unter Beibehaltung der im vorigen Probleme angenommenen Bezeichnung, die Leuchtkraft im Elemente p durch $i \cos \varrho$ aus, wenn i die Leuchtkraft des Centrums p bedeutet, die ihrerseits leicht aus der Intensität J der Sonne, und ihrem scheinbaren Halbmesser σ, sowie aus dem Transparenzcoëfficienten τ des sphärischen Kreises gefunden wird. Man hat nämlich:

$$i = \tau J \sin \sigma^2.$$

Hiernach ist die vom Elemente in p nach C gelangende Lichtmenge:

$$q = \tau J \sin \sigma^2\, \mathrm{d}f'\,(\sin z' \cos \varphi \sin \varrho^2 \cos \varrho + \cos z' \cos \varrho^2 \sin \varrho)\, \mathrm{d}\varphi\, \mathrm{d}\varrho.$$

Hieraus findet man für die der ganzen Scheibe verdankte Quantität:

$$Q = \tau J \sin\sigma^2 df' \int_0^{2\pi} d\varphi \int_0^{r_2} d\varrho \,(\sin z' \cos\varphi \sin\varrho^2 \cos\varrho + \cos z' \cos\varrho^2 \sin\varrho)$$

$$= \frac{2}{3} \tau J \sin\sigma^2 \, df' \, \pi \cos z' \,(1 - \cos r_2{}^3).$$

Also auch hier ist die Grösse der Erleuchtung dem Cosinus der Zenithdistanz proportional. Ohne Schwierigkeit lässt sich ferner noch die Erleuchtung durch Vierecke wie $a a' b' b$, durch einen Sector, durch einen Ring der transparenten Scheibe berechnen.

B. Erleuchtung durch den Vollmond. Ohne merklichen Fehler dürfen wir bei der Erleuchtung durch den Vollmond annehmen, dass die Mittelpunkte m, e, s, Fig. 17, des Mondes, der Erde und der Sonne in einer Geraden liegen und die Erleuchtung des Mondes so stattfinde, als ob die Erde nicht vorhanden wäre, und dass der scheinbare Halbmesser der Sonne auf dem Monde überall denselben Werth σ hat. Dies vorausgesetzt, sei ferner o der Mittelpunkt der von dem Punkte C der Erde aus sichtbaren Mondscheibe, λ ihr scheinbarer Halbmesser. Ferner setzen wir $m C = E$ und $m o = r$. Zunächst leuchtet ein, dass wenn i die Leuchtkraft des Centrums o ist, die in dem Punkte p sich ausdrücke durch $i \cdot \cos pmo = i \cdot \cos \psi$. Unter μ den Erleuchtungscoëfficienten des Mondes verstanden, ist aber $i = \mu J \sin \sigma^2$, also die Leuchtkraft in p $\mu J \sin\sigma^2 \cdot \cos\psi$.

Fig. 17.

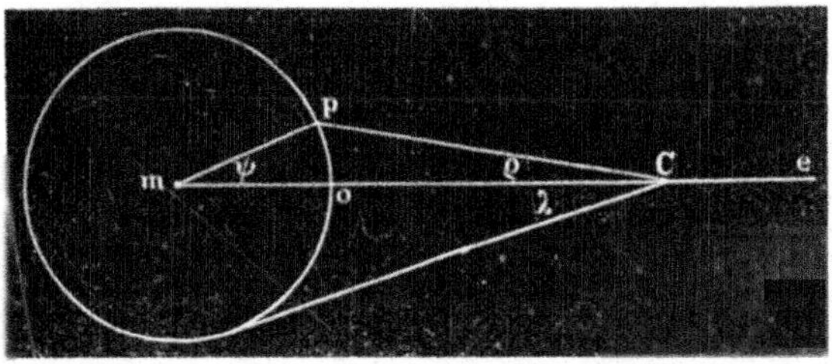

Halten wir auf der Erde in C senkrecht zur Verbindungslinie em des Mondes und der Erde ein Flächenelement df', so erlangt dieses von dem in p befindlichen Mondelemente die Lichtquantität:

$$q = \mu J \sin\sigma^2 df' \cdot \sin\varrho \cos\varrho \cos\psi \, d\varrho \, d\varphi,$$

wenn $\varrho = pCo$ und φ für die Mondscheibe dieselbe Bedeutung haben, die wir ihnen in den nächst vorhergehenden Problemen beigelegt haben. Nun ist aber: $p\,C^2 = E^2 + r^2 - 2\,E r \cos\psi$ und $p\,C^2 \cos\varrho^2 = (E - r\cos\psi)^2$, also:

$$\cos\varrho^2 = \frac{(E - r\cos\psi)^2}{E^2 + r^2 - 2\,E r\cos\psi},$$

wofür durch die Substitution $r\cos\psi = v$ geschrieben werden kann:

$$\cos\varrho^2 = \frac{(E - v)^2}{E^2 + r^2 - 2\,E v}.$$

In Folge dieser Relation transformirt sich aber der Ausdruck für q in den folgenden:

$$q = \frac{\mu}{r}\,J \sin\sigma^2\, df' \cdot \frac{v\,(E - v)\,(r^2 - E v)}{(E^2 + r^2 - 2\,E v)^2}\,dv\,d\varphi.$$

Machen wir ferner noch die Substitution $E^2 + r^2 - 2\,E v = z$, so kommt:

$$q = \frac{\mu J \sin\sigma^2\,df'}{16\,E^3 r}\,(E^2 + r^2 - z)\,(E^2 - r^2 + z)\,(E^2 - r^2 - z)\frac{dz\,d\varphi}{z^2}$$

$$= \frac{\mu J \sin\sigma^2\,df'}{16\,E^3 r}\left[\frac{(E^2+r^2)(E^2-r^2)^2}{z^2} - \frac{(E^2-r^2)^2}{z} - (E^2+r^2) + z\right] dz\,d\varphi.$$

Bezeichnen wir den Werth, welchen z für den Mondrand annimmt, d. i. $E^2 + r^2 - 2\,E r\cos\lambda$, mit z_λ und den für das Centrum o, d. i. $E^2 + r^2 - 2\,E r = (E - r)^2$ mit z_0, so ergibt sich endlich für die Erleuchtung durch die ganze Vollmondscheibe:

$$Q = \frac{\mu J \sin\sigma^2\,df'}{16\,E^3 r}\int_0^{2\pi} d\varphi \int_{z_0}^{z_\lambda} dz\,\left[\frac{(E^2+r^2)\,(E^2-r^2)^2}{z^2} - \frac{(E^2-r^2)^2}{z} - (E^2+r^2)^2 + z\right].$$

$$= \frac{\mu J \sin\sigma^2\,df'}{8\,E^3 r}\left[(E^2+r^2)\,(E^2-r^2)^2\left(\frac{1}{z_0} - \frac{1}{z_\lambda}\right) - (E^2-r^2)^2 \log\frac{z_\lambda}{z_0} - (E^2+r^2)\,(z_\lambda - z_0) + \frac{1}{2}\,(z_\lambda^2 - z_0^2)\right].$$

Wir erhalten in unserem Falle auch noch dann abgeschlossene Ausdrücke für Q, wenn es sich um die Erleuchtung durch einen Sector, einen concentrischen Kreistheil, oder Ring, und einen Ringsector handelt.

Wenn der Vollmond auch nicht im Zenithe des Elementes df'

liegt und man dabei nur nach der Erleuchtung durch die ganze Scheibe oder irgend einen mit ihr concentrischen Ringtheil fragt, kommt man doch auf die vorhergehende Rechnung zurück. Handelt es sich z. B. um die Erleuchtung durch die ganze in der Zenithdistanz z' liegende Vollmondscheibe, so finden wir für die zum Elemente df' gelangende Lichtquantität:

$$\mathfrak{Q} = \mu\, J\, sin\, \sigma^2\, df' \int_0^{2\pi} d\varphi \int_0^{\lambda} d\varrho \cdot (sin\, z'\, cos\, \varphi\, sin\, \varrho^2\, cos\, \psi$$
$$+ cos\, z'\, sin\, \varrho\, cos\, \varrho\, cos\, \psi).$$

Es leuchtet aber ein, dass das bestimmte Integral des ersten Gliedes im Integranden verschwinde. Wenn wir daher mit Q die Quantität für den im Zenith befindlichen Vollmond bezeichnen, die wir bereits auszuwerthen gelernt haben, so ist:

$$\mathfrak{Q} = cos\, z' \cdot Q.$$

Die Erleuchtung ist somit auch hier wieder dem Cosinus der Zenithdistanz proportional.

5. Erleuchtung durch eine sphärische Ellipse.

Von besonderem Interesse ist die Berechnung der durch eine sphärische Ellipse hervorgebrachten Erleuchtung. Man stösst oft auf dieselbe, in allen den Fällen nämlich, wo der Kegel, den man von dem erleuchteten Punkte aus um die erleuchtende Fläche legen kann, ganz oder theilweise ein elliptischer wird. Dies tritt unter Anderem ein bei der Erleuchtung durch eine Ellipse oder einen Kreis von beliebiger Lage, ferner durch ein Ellipsoïd, durch eine halbe Kugelfläche. Wir nehmen in diesem Calcül wieder an, dass die Ellipse in Bezug auf Leuchtkraft homogen sei.

Die Punkte der sphärischen Ellipse haben wie die der ebenen die Eigenschaft, dass die Summe ihrer Entfernungen von zwei festen Punkten, den Brennpunkten, einen constanten Werth behauptet; jene Entfernungen werden aber hier durch Bogen grösster Kreise gemessen. Ist $ABA'B'$, Fig. 18 (s. f. S.), eine sphärische Ellipse mit den Brennpunkten a und a', so hat man für ihren Punkt P:

$$arc \cdot aP + arc \cdot a'P = arc \cdot AA'.$$

Ist O die Mitte von AA' und BB' auf diesem Bogen senkrecht, so ist $OA = r_1$ die halbe grosse Axe und $OB = r_2$ die halbe kleine Axe.

Fig. 18.

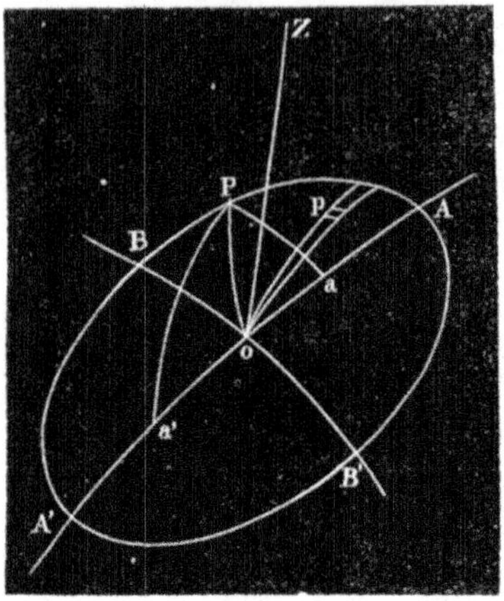

Aus der Grundeigenschaft der sphärischen Ellipse folgt nun:

$$cos(aP + a'P) = cos\, AA' = cos\, 2r_1.$$

Hieraus folgt:

$$cos\, aP \cdot cos\, a'P - cos\, 2\, r_1$$
$$= sin\, aP \cdot sin\, a'P;$$

also ist auch, wenn wir beiderseits quadriren und hierauf die Sinus der Bogen aP, $a'P$ durch die Cosinus ausdrücken und endlich die gleichen Glieder auf beiden Seiten fortlassen:

$$cos\, 2r_1{}^2 - 2\, cos\, 2r_1\, cos\, aP \cdot cos\, a'P = 1 - cos\, aP^2 - cos\, a'P^2,$$

oder:

$$cos\, aP^2 + cos\, a'P^2 - 2\, cos\, 2\, r_1\, cos\, aP\, cos\, a'P = 1 - cos\, 2\, r_1{}^2 = 2\, sin\, r_1{}^2.$$

Die sphärische Trigonometrie liefert nun aber, wenn $aa' = 2e$ gesetzt wird:

$$cos\, aP = -\, cos\, v\; sin\, e\; sin\, r + cos\, e\; cos\, r$$
$$cos\, a'P = +\, cos\, v\; sin\, e\; sin\, r + cos\, e\; cos\, r.$$

Diese Ausdrücke für die Cosinus von aP und $a'P$ in die zuletzt gefundene Gleichung gesetzt, liefert:

$$cos\, v^2\, sin\, e^2\, sin\, r^2 + cos\, e^2\, cos\, r^2 + cos\, 2\, r_1 (cos\, v^2\, sin\, e^2\, sin\, r^2 - cos\, e^2\, cos\, r^2)$$
$$= sin\, r_1{}^2.$$

Hieraus ersehen wir, dass sich für $sin\, r$ und $cos\, r$ Gleichungen von dieser Form ergeben:

$$sin\, r^2 = \frac{1}{p - q\, cos\, v^2},\quad cos\, r^2 = \frac{f + g\, cos\, v^2}{p - q\, cos\, v^2}.$$

Die hier vorkommenden Constanten p und q, die einzigen, welche für uns von Bedeutung sein werden, bestimmen sich leicht, wenn man bedenkt, dass für $v = o$ und für $v = \frac{\pi}{2}$, r bezüglich in die grosse und kleine Halbaxe r_1 und r_2 übergehen müsse. Es ist also:

$$\sin r_1{}^2 = \frac{1}{p-q} \text{ und } \sin r_2{}^2 = \frac{1}{p},$$

woraus p und q gefunden werden können.

Diese Bemerkungen über die sphärische Ellipse genügen für unseren Zweck. Es sei also $ABA'B'$ eine mit der Intensität J leuchtende sphärische Ellipse mit den Halbaxen r_1 und r_2. Die Zenithdistanz ihres Mittelpunktes o sei z', und der Winkel, welchen ihre grosse Axe mit dem Verticalkreise oZ bildet, φ'. Wir theilen die Ellipse zunächst in unendlich schmale Sectoren op mit dem Centriwinkel dv und hierauf jeden Sector wieder durch Kreise, die um o mit Radien geschlagen werden, von denen immer einer um $d\varphi$ grösser ist als der vorhergehende. So erhalten wir statt der ganzen Ellipse eine Summe von unendlich kleinen viereckigen Elementen. In p liege ein solches und für dasselbe sei $po = \varrho$, $poZ = \varphi' - v$, $pZ = z'$. Sein Inhalt ist dann:

$$\sin\varrho \, d\varrho \, dv,$$

und die von demselben auf df', das in der Mitte des Horizontes gelegene Element, ausgesandte Lichtquantität ist:

$$q = J df' \cdot \sin\varrho \, d\varrho \, dv \cdot \cos z.$$

Da aber: $\cos(\varphi' - v) = \dfrac{\cos z - \cos z' \cos\varrho}{\sin z' \sin\varrho}$, so ist auch:

$$q = J df' \left[\sin z' \cos(\varphi' - v) \sin\varrho^2 + \cos z' \cdot \sin\varrho \cos\varrho\right] dv \, d\varrho.$$

Die von dem Elementarsector oP herrührende Lichtquantität ist somit:

$$q' = J df' \cdot dv \int_0^r d\varrho \left[\sin z' \cos(\varphi' - v) \sin\varrho^2 + \cos z' \sin\varrho \cos\varrho\right]$$

$$= \frac{1}{2} J df' \left[\sin z' \cos(\varphi' - v)(r - \sin r \cos r) + \cos z' \sin r^2\right] dv.$$

Mit Rücksicht auf die Gleichung der sphärischen Ellipse kann hierfür gesetzt werden:

$$q' = \frac{1}{2} J df' \sin z' \left[\cos\varphi' \cdot \arcsin\sqrt{\frac{1}{p - q\cos v^2}} \cdot \cos v \, dv\right.$$

$$- \sin\varphi' \cdot \arcsin\sqrt{\frac{1}{p - q\cos v^2}} \sin v \, dv - \cos\varphi' \cdot \frac{\sqrt{f + g\cos v^2}}{p - q\cos v^2} \cdot \cos v \, dv$$

$$\left. + \sin\varphi' \frac{\sqrt{f + g\cos v^2}}{p - q\cos v^2} \sin v \, dv\right] + \frac{1}{2} J df' \cos z' \cdot \frac{1}{p - q\cos v^2} dv.$$

Die von der ganzen Ellipse herkommende Quantität ist:

$$Q = \int_0^{2\pi} q' \, \mathrm{d} v$$

und besteht somit in der Summe der zwischen den Grenzen 0 und 2π genommenen Integrale der 5 Glieder von q'. Aus dem Bau der vier ersten Glieder ersieht man aber sofort, dass ihre Integrale zwischen jenen Grenzen verschwinden werden. Diese Integrale als Summen gedacht findet sich nämlich zu jedem Gliede ein zweites, welches dasselbe aufhebt. Wir haben hiernach:

$$Q = \frac{1}{2} J \, \mathrm{d} f' \cos z' \int_0^{2\pi} \frac{\mathrm{d} v}{p - q \cos v^2} = 2 J \, \mathrm{d} f' \cos z' \int_0^{\frac{\pi}{2}} \frac{\mathrm{d} v}{p - q \cos v^2}.$$

Es ist aber:

$$\int \frac{\mathrm{d} v}{p - q \cos v^2} = \int \frac{\mathrm{d}(2v)}{(2p - q) - q \cos 2v} = \int \frac{\mathrm{d} z}{(2p - q) - q \cos z}$$

$$= \frac{1}{\sqrt{(2p - q)^2 - q^2}} \, arc \cos \frac{-q + (2p - q) \cos z}{(2p - q) - q \cos z}$$

$$= \frac{1}{2\sqrt{p(p - q)}} \, arc \cos \frac{-q + (2p - q \cos 2v)}{(2p - q) - q \cos 2v}.$$

Folglich ist:

$$\int_0^{\frac{\pi}{2}} \frac{\mathrm{d} v}{p - q \cos v^2} = \frac{\pi}{2\sqrt{p(p - q)}},$$ und somit auch:

$$Q = J \, \mathrm{d} f' \cdot \frac{\cos z' \, \pi}{\sqrt{p(p - q)}}.$$

Die weiter oben gefundene Relation zwischen den Constanten p und q und den Halbaxen r_1, r_2 liefert endlich noch:

$$Q = J \, \mathrm{d} f' \cdot \cos z' \sin r_1 \sin r_2 \, \pi.$$

Aus dieser eleganten Formel ziehen wir diese Folgerungen:

1) Bei gleichem Zenithabstande des Mittelpunktes einer leuchtenden sphärischen Ellipse ist die Erleuchtung dem Producte aus den Sinus der scheinbaren Halbaxen proportional. Die Erleuchtung ändert sich mithin nicht, wenn die Ellipse um ihren Mittelpunkt rotirt.

2) Die Erleuchtung durch eine sphärische Ellipse ist, solange dieselbe noch ganz über dem Horizonte liegt, dem Cosinus ihrer Zenithdistanz proportional.

Man überzeugt sich unschwer davon, dass das von der Ellipse Gesagte auch von zwei Scheitelsectoren derselben gilt. Für den Scheitelsector zwischen den zu $v = v_1$ und $v = v_2$ gehörigen Radien und ihren Verlängerungen findet man:

$$Q = \frac{1}{2} J \,\mathrm{d}f' \cos z' \int_{v_1}^{v_2} \frac{\mathrm{d}v}{p - q \cos v^2},$$

welches Integral ebenfalls in abgeschlossener Form hergestellt werden kann.

Um eine Anwendung des Vorhergehenden statt vieler zu zeigen, wollen wir die Erleuchtung durch die eine und andere Hälfte einer kleinen oder fernen leuchtenden Kugel berechnen, die durch einen schiefen, d. h. nicht durch den erleuchteten Punkt gehenden Diametralschnitt halbirt ist. Man projicire den scheinbaren Umfang und den Diametralschnitt der Kugel auf die Hemisphäre. Annäherungsweise erhält man als Projection einen sphärischen Kreis, dessen Radius r_1 sei, und eine mit ihm concentrische und ihm eingeschriebene Ellipse, deren grössere Halbaxe r_1 ist und derer kleinere r_2 sei. Bedeutet nun noch z' die Zenithdistanz des Mittelpunktes der Figur, ferner E die von der erwähnten Ellipse herrührende Lichtquantität, diese von derselben Leuchtkraft wie die Kugel gedacht, und ebenso M die von einem der Menisken zwischen Kreis und Ellipse und K die von dem ganzen Kreise herrührende Lichtquantität, so ist die Lichtquantität, welche von dem grösseren sichtbaren Theile der Kugel auffällt:

$$H = E + M,$$

und der zweite kleinere Theil schickt die Quantität:

$$H' = M.$$

Nun ist:

$$E + 2M = K, \text{ oder:}$$

$$M = \frac{1}{2}(K - E), \text{ mithin:}$$

$$H = \frac{1}{2}(K + E) \text{ und } H' = \frac{1}{2}(K - E).$$

Dem Obigen zufolge ist aber:

$K = J\, \mathrm{d}f'\, \cos z'\, \sin r_1{}^2 \pi$ und $E = J \mathrm{d}f'\, \cos z'\, \sin r_1\, \sin r_2 \pi$,

also endlich:

$$H = \frac{1}{2} J\, \mathrm{d}f'\, \cos z'\, \pi\, \sin r_1\, (\sin r_1 + \sin r_2),$$

$$H' = \frac{1}{2} J\, \mathrm{d}f'\, \cos z'\, \pi\, \sin r_1\, (\sin r_1 - \sin r_2).$$

6. Erleuchtung durch sphärische Polygone.

Fragt man sich nach der Erleuchtung eines Punktes in einem Zimmer durch das von homogener Helligkeit gedachte Himmelsgewölbe, so hat man die Fensteröffnung von dem Punkte aus perspectivisch auf das Himmelsgewölbe zu projiciren und nach dem Früheren die Erleuchtung durch die Projection zu berechnen. Diese Projection wird nun im Allgemeinen, da die Fenster allermeist von geraden Linien begrenzt sind, ein sphärisches Polygon sein. Die erwähnte nahe liegende Frage führt also schon auf die Berechnung der von einem sphärischen Polygone herkommenden Lichtmenge. Um nun diese Berechnung einzuleiten, soll hier zuerst ein sphärisches Dreieck Zab, Fig. 19, betrachtet werden, welches bei a rechtwinklig ist, und von dem eine Spitze im Zenithe Z liegt.

Fig. 19.

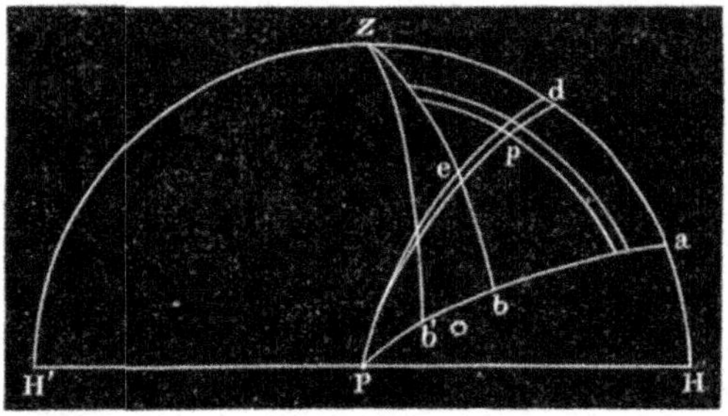

Wir theilen das Dreieck in unendlich viele rechteckige Elemente durch Parallelkreise, deren Pol P der Durchschnitt der Seite ab und des Horizontes ist, und welche um $\mathrm{d}\varrho$ von einander abstehen, und durch grösste Kreise, die durch den Punkt P gehen und je den Winkel $\mathrm{d}\varphi$ einschliessen. Liegt in p ein auf diese Weise erhaltenes Element, und ist $pZ = z$, $pd = \varrho$, $Zd = \varphi$, so ist sein Inhalt:

$$\sin pP \cdot \mathrm{d}\varphi\, \mathrm{d}\varrho = \cos \varrho\, \mathrm{d}\varphi\, \mathrm{d}\varrho,$$

und die von ihm herkommende Lichtquantität drückt sich aus durch:

$$q = J\,\mathrm{d}f' \,.\, \cos z \cos \varrho \,\mathrm{d}\varphi\,\mathrm{d}\varrho.$$

Nun ist aber:

$$\cos z = \cos \varphi \cos \varrho, \text{ folglich:}$$

$$q = J\,\mathrm{d}f' \cos \varphi \cos \varrho^2 \,\mathrm{d}\varphi\,\mathrm{d}\varrho.$$

Die Lichtquantität der auf dem Bogen $de = r$ aufstehenden Elemente ist somit:

$$q' = J\,\mathrm{d}f' \cos\varphi \,\mathrm{d}\varphi \int_0^r \cos\varrho^2 \,\mathrm{d}\varrho$$

$$= \frac{1}{2} J\,\mathrm{d}f' \,(r + \sin r \cos r) \cos \varphi \,\mathrm{d}\varphi.$$

Es ist jedoch, wenn wir den Winkel des Dreiecks am Zenithe durch y' bezeichnen:

$$\sin\varphi \,\mathrm{tang}\, y' = \mathrm{tang}\, r, \text{ folglich:}$$

$$\mathrm{tang}\, y' \cos\varphi \,\mathrm{d}\varphi = \frac{1}{\cos r^2}\,\mathrm{d}r, \text{ und somit ist:}$$

$$q' = \frac{1}{2}\,\frac{J\,\mathrm{d}f'}{\mathrm{tang}\, y'}(r + \sin r \cos r)\frac{\mathrm{d}r}{\cos r^2} = \frac{1}{2}\,\frac{J\,\mathrm{d}f'}{\mathrm{tang}\, y'}\left(\frac{r\,\mathrm{d}r}{\cos r^2} + \frac{\sin r\,\mathrm{d}r}{\cos r}\right),$$

$$q' = \frac{1}{2}\,\frac{J\,\mathrm{d}f'}{\mathrm{tang}\, y'}\,\mathrm{d}\,(r \,\mathrm{tang}\, r).$$

Hiernach ist dann endlich die von dem ganzen Dreiecke Zab herkommende Lichtquantität, wenn noch $ab = v'$ gesetzt wird:

$$Q = \frac{1}{2}\,\frac{J\,\mathrm{d}f'}{\mathrm{tang}\, y'}\int_0^{v'} \mathrm{d}\,(r\,\mathrm{tang}\, r)$$

$$= \frac{1}{2}\,J\,\mathrm{d}f'\,\frac{v' \,\mathrm{tang}\, v'}{\mathrm{tang}\, y'}.$$

Hierfür kann aber noch, da $\mathrm{tang}\, v' = \sin aZ \,.\, \mathrm{tang}\, y' = \sin z' \,\mathrm{tang}\, y'$ ist, gesetzt werden:

$$Q = \frac{1}{2}\,J\,\mathrm{d}f' \,.\, v' \sin z'.$$

Aus dieser Formel leitet sich leicht die für irgend ein Dreieck ab, von dessen Ecken eine im Zenith liegt. In der That, handelt es sich um das Dreieck Zbb', für das $bb' = v'$ und die kürzeste Zenithdistanz der Seite bb', d. i. $Za = z'$ sei; so leuchtet ein, dass die von ihm herrührende Lichtquantität Q gleich ist der Differenz der Quantitäten $\mathfrak{Q}$ und $\mathfrak{Q}'$, wie sie den Dreiecken Zab und Zab' entsprechen. Dem Vorigen zufolge ist aber:

$$\mathfrak{Q} = \frac{1}{2} J\,\mathrm{d}f' \cdot ab \cdot \sin z',\ \mathfrak{Q}' = \frac{1}{2} J\,\mathrm{d}f' \cdot ab' \cdot \sin z', \text{ folglich:}$$

$$Q = \mathfrak{Q}' - \mathfrak{Q} = \frac{1}{2} J\,\mathrm{d}f' (ab' - ab) \sin z'$$

$$= \frac{1}{2} J\,\mathrm{d}f' \cdot v' \sin z'.$$

Handelt es sich nun um die Erleuchtung durch ein ganz beliebiges Dreieck abc, Fig. 20, so ziehe man die Vertikalkreise Za, Zb, Zc. Bezeichnen wir die drei Seiten des Dreiecks mit A, B, C und die kürzesten Zenithdistanzen dieser Bogen bezüglich durch α, β, γ, so wäre die Lichtquantität von dem Dreiecke Zac, wenn es ebenso stark leuchtete wie das fragliche:

Fig. 20.

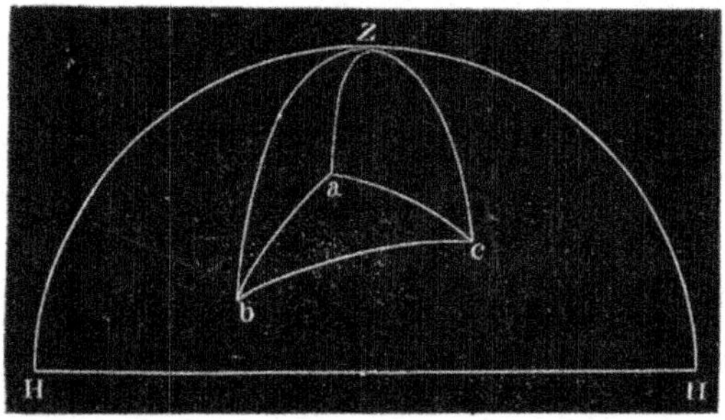

$$\mathfrak{Q} = \frac{1}{2} J\,\mathrm{d}f' \cdot A \sin \alpha,$$

von dem Dreiecke Zab:

$$\mathfrak{Q}' = \frac{1}{2} J\,\mathrm{d}f' \cdot C \sin \gamma,$$

und vom Dreiecke Zac:

$$\mathfrak{Q}'' = \frac{1}{2} J\,\mathrm{d}f' \cdot B \sin \beta.$$

Die von dem Dreiecke abc herrührende Lichtquantität ist folglich:

$$Q = \mathfrak{Q} - \mathfrak{Q}' - \mathfrak{Q}'' = \frac{1}{2} J\,\mathrm{d}f' (A \sin \alpha - B \sin \beta - C \sin \gamma).$$

Läge die Spitze a vom Zenithe abgekehrt, so würde man finden:

$$Q = \mathfrak{Q}' + \mathfrak{Q}'' - \mathfrak{Q} = \frac{1}{2} J \, \mathrm{d}f' \left(-A \sin \alpha + B \sin \beta + C \sin \gamma\right).$$

Ganz analog wie beim Dreiecke berechnet man auch die Erleuchtung durch mehrseitige Vielecke, auf die wir daher nicht weiter einzugehen brauchen.

7. Erleuchtung durch die Phasen einer Sonnenfinsterniss.

Einen besonderen Reiz haben diejenigen photometrischen Betrachtungen, welche sich auf unsere wichtigste Lichtquelle, die Sonne, beziehen. Ein sehr interessantes Problem dieser Art, nämlich die Berechnung der Erleuchtung durch die Sonne in den verschiedenen Phasen einer Verfinsterung, soll uns Gelegenheit geben, mehre von den bisher gewonnenen Resultaten in Anwendung zu bringen.

Für einen Punkt im Halbschatten des Mondes sei S, Fig. 21, die Sonnen- und M die Mondscheibe. Um die Erleuchtung

Fig. 21.

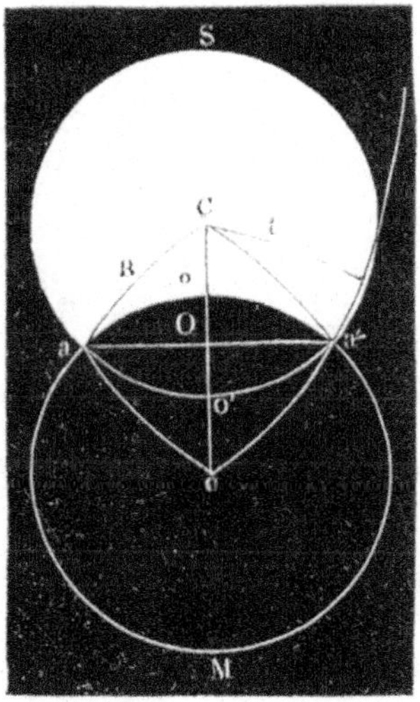

durch den nur mehr sichtbaren Theil $aSa'o$ der Sonne zu erhalten, verfährt man wie folgt. Aus den Daten, nämlich dem scheinbaren Halbmesser von Sonne und Mond, den Zenithdistanzen ihrer Mittelpunkte C und c und der Entfernung eben dieser Mittelpunkte, berechnet man zuerst die Lichtquantität $\mathfrak{Q}$ der ganzen Sonnenscheibe (s. S. 31), hierauf den Winkel, die Lage und die Lichtquantität S des Sectors aCa', alsdann die Attribute und Lichtquantität Δ des Dreiecks aCa'. Aus S und Δ findet man dann für die Quantität des von dem Meniskus $ao'a'$ herrührenden Lichtes $L = S - \Delta$. Weiter denke man sich den Mond mit derselben Leuchtkraft wie die Sonne begabt und berechne die Quantität s des vom Sector aca' und die Quantität δ des vom Dreiecke aca' herkommenden Lichtes, woraus sich wieder für die Quantität des vom Meniskus aoa' herkommenden Lichtes der Ausdruck $l = s - \delta$ ableitet. Zuletzt findet man dann für die Lichtquantität, welche die ganze Phase entsendet:

$$Q = \mathfrak{Q} - L - l = \mathfrak{Q} - (S + s) + (\varDelta + \delta).$$

Besonders einfach gestalten sich die Verhältnisse, wenn man der Phase eine Ebene senkrecht entgegenhält, d. h. so, dass die Sonne in das Zenith der Ebene zu stehen kommt, ein Fall, den wir hier vollständig durchführen wollen.

Es sei R der scheinbare Halbmesser der Sonne, r der des Mondes, d die Distanz der beiden Himmelskörper. Man berechne zunächst die Winkel $aCc = \varphi$ und $acC = \varphi'$ vermittelst der sphärisch trigonometrischen Formeln:

$$\cos \varphi = \frac{\cos r - \cos R \cos d}{\sin R \sin d} \text{ und } \cos \varphi' = \frac{\cos R - \cos r \cos d}{\sin r \sin d}.$$

Ferner hat man noch für die kürzeste Zenithdistanz t der Bogen ca und ca':

$$\sin t = \sin d \,.\, \sin \varphi'.$$

Für die Lichtquantität des Sectors aCa' findet man nach S. 31:

$$S = J \mathrm{d} f' \,.\, \sin R^2 \,\varphi.$$

Die Lichtquantität des Sectors aca' ist (s. ebendaselbst):

$$s = J \mathrm{d} f' \left[\sin d \sin \varphi' (r - \tfrac{1}{2} \sin 2r) + \tfrac{1}{2} \cos d (1 - \cos 2r) \varphi'\right].$$

Ferner ist die Lichtquantität des Dreiecks aCa' (s. S. 42):

$$\varDelta = J \mathrm{d} f' \,.\, aO \,.\, \sin ZO,$$

und die des Dreiecks aca' ist:

$$\begin{aligned} \delta &= J \mathrm{d} f' (r \sin t - aO \sin ZO) \\ &= J \mathrm{d} f' (r \sin d \sin \varphi' - aO \sin ZO). \end{aligned}$$

Nun ist die Lichtquantität der vollen Sonnenscheibe (s. S. 31):

$$\mathfrak{Q} = J \mathrm{d} f' \pi \sin R^2,$$

also endlich die von der ganzen Phase $aca'o$ dem Elemente $\mathrm{d} f'$ zugeschickte Lichtquantität:

$$Q = \mathfrak{Q} - (S + s) + (\varDelta + \delta) =$$
$$J \mathrm{d} f' \left[\sin R^2 (\pi - \varphi) - \sin r^2 \cos. d \,.\, \varphi' + \tfrac{1}{2} \sin 2r \sin d \sin \varphi'\right].$$

In denjenigen Punkten des Raumes, für die $R = r$ wird, hat man, da dann auch $\varphi = \varphi'$ ist:

$$Q = J \mathrm{d} f' \sin r \left[\left(\pi - 2\varphi \,.\, \cos \frac{d^2}{2}\right) \sin r + \cos r \sin d \sin \varphi\right],$$

oder, da alsdann $\tan g\, r \cos \varphi = \tan g \frac{d}{2}$ wird:

$$Q = J\mathrm{d}f' \cdot \frac{\sin r}{1 + \cos\varphi^2 \tang r^2}\left[\pi(1 + \cos\varphi^2 \tang r^2) - 2\varphi + \sin 2\varphi\right].$$

Alsdann drückt sich also Q blos durch den scheinbaren Halbmesser r der Gestirne und den Winkel φ, welcher die Grösse der Phase misst, aus.

8. Erleuchtung durch die untergehende Sonne.

Wenngleich die Berechnung der Erleuchtung einer irgendwie gegen die untergehende Sonne gehaltenen Ebene keine besonderen Schwierigkeiten darbietet, so wollen wir uns doch hier darauf beschränken, nach der Erleuchtung des Horizontes beim Sonnenuntergange zu fragen, wobei wir denn wieder von der alsdann gerade sehr bedeutenden Absorption durch die Atmosphäre absehen.

Es sei also S, Fig. 22, die theilweise unter den Horizont

Fig. 22.

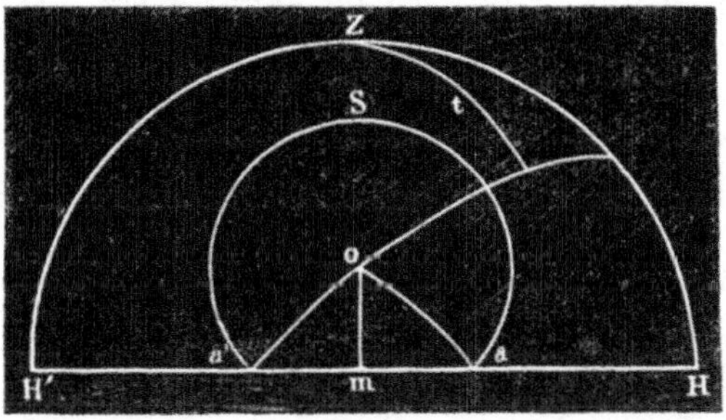

getauchte Sonnenscheibe, o ihr Mittelpunkt. Die Höhe des letzteren om heisse h, ferner sei $am = s$, $ao = r$, $moa = \varphi$. Die kürzeste Zenithdistanz der Bogen oa und oa' sei t. Man hat alsdann zunächst zur Bestimmung von s, φ und t die Gleichungen:

$$\cos s = \frac{\cos r}{\cos h}, \quad \cos\varphi = \frac{\tang h}{\tang r}, \quad \sin t = \cos oa'm = \frac{\cos h - \cos r \cos s}{\sin r \sin s}.$$

Die Erleuchtung beider Seiten (der oberen und unteren) des Horizontes durch die ganze Sonnenscheibe wird gemessen durch die Quantität:

$$\mathfrak{Q} = J\mathrm{d}f' \cdot \sin h \sin r^2 \pi,$$

die Erleuchtung durch den Sector aoa' entspricht der Quantität:

$$S = J\mathrm{d}f' \cdot \sin h \sin r^2 \varphi,$$

und die vom Dreiecke $a o a'$ herkommende Quantität ist:

$$\Delta = J \mathrm{d} f' \, (s - r \sin t).$$

Der über dem Horizonte stehende Theil der Sonne sendet also einem Elemente des Horizontes die Quantität zu:

$$Q = \mathfrak{Q} - S + \Delta$$
$$= J \mathrm{d} f' \, [(\pi - \varphi) \sin r^2 \sin h + s - r \sin t].$$

9. Erleuchtung durch einen glühenden Draht.

An die vorhergehenden Probleme wollen wir zum Schlusse die Berechnung der Erleuchtung anreihen, welche von einem glühenden Drahte herrührt, und zwar soll, damit wir es sogleich mit einem vollständig bestimmten Falle zu thun haben, der Draht überall von gleicher scheinbarer Dicke δ und von der Form eines kleinen sphärischen Bogens angenommen werden. Das Centrum des Bogens liege von dem Zenithe um z' ab, und die Winkel zwischen den Enden s_1 und s_2 des Bogens und dem durch den Mittelpunkt gehenden Verticalkreis seien φ_1 und φ_2, genommen an dem Mittelpunkte des Bogens selbst. Endlich sei r der Radius und J die Leuchtkraft des Drahtbogens. Die von einem Elemente des Bogens herrührende Lichtquantität ist dann ersichtlich:

$$q = J \mathrm{d} f' . \delta \sin r \, (\cos \varphi \sin r \sin z' + \cos r \cos z') \, \mathrm{d} \varphi.$$

Die von dem ganzen Bogen herkommende Quantität ist also:

$$Q = J \mathrm{d} f' \delta \int_{\varphi_1}^{\varphi_2} (\sin r^2 \sin z' . \cos \varphi + \sin r \cos r \cos z') \, \mathrm{d} \varphi$$
$$= \delta J \mathrm{d} f' \, [\sin z' \sin r^2 (\sin \varphi_2 - \sin \varphi_1) + 1/2 \cos z' \sin 2r \, (\varphi_2 - \varphi_1)].$$

1) Geht der Bogen in den vollen Kreis über, so kommt:

$$Q = \pi \, \delta \, J \mathrm{d} f' . \cos z' \sin 2r.$$

Die Erleuchtung ist also dem Cosinus der Zenithdistanz proportional. Und für dieselbe Zenithdistanz wird die Erleuchtung ein Maximum, wenn der Durchmesser des Kreises $\frac{\pi}{2}$ wird, sobald dabei nur der Kreis noch ganz über dem Horizonte liegt.

2) Wird $r = \frac{\pi}{2}$, d. h. haben wir es mit einem Bogen eines grössten Kreises zu thun, so kommt:

$$Q = \delta J \mathrm{d} f' \sin z' \, (\sin \varphi_2 - \sin \varphi_1).$$

Hierfür schreiben wir besser, indem wir die kleinste Zenithdistanz ζ' des grössten Kreises einführen:

$$Q = \delta J \mathrm{d} f' \cos\zeta' \, (\sin\varphi_2 - \sin\varphi_1),$$

oder, wenn noch ψ_1 und ψ_2 die Entfernungen der Endpunkte s_1 und s_2 von dem Durchschnitte des grössten Kreises und des Horizontes bedeuten:

$$Q = \delta J \mathrm{d} f' \cos\zeta' \, (\cos\psi_2 - \cos\psi_1).$$

3) Aus der vorhergehenden Nummer berechnet sich leicht die Erleuchtung durch irgend ein sphärisches Drahtpolygon. Nehmen wir beispielshalber ein Dreieck, und bedeuten α, β, γ die kleinsten Zenithdistanzen seiner drei grössten Kreise, und sind bezüglich a_1, a_2 etc. die den drei Seiten entsprechenden Entfernungen ψ_1, ψ_2, so finden wir für die von dem leuchtenden Drahtdreieck herkommende Lichtquantität:

$$Q = \delta J \mathrm{d} f' \, [\cos\alpha \, (\cos a_2 - \cos a_1) + \cos\beta \, (\cos b_2 - \cos b_1) + \cos\gamma \, (\cos c_2 - \cos c_1)].$$

IV. Von der Erleuchtung einer Fläche durch eine Gasmasse.

Die Erleuchtung eines Flächenelementes durch einen mehr oder minder durchsichtigen selbstleuchtenden Körper findet begreiflicherweise nach ganz anderen Gesetzen statt als die durch eine leuchtende Fläche. Die hier aufzustellenden Probleme werden sehr schwierig, sobald der leuchtende Körper nicht vollkommen durchsichtig und von einer anderen optischen Dichtigkeit als das umgebende Mittel ist. Nehmen wir jedoch an, wir hätten es mit einer in der Luft befindlichen leuchtenden Gasmasse zu thun, die vollkommen durchsichtig ist und merklich denselben Brechungsquotienten wie die umgebende Luft besitzt, so fällt ein grosser Theil der Schwierigkeiten. Annäherungsweise verhält es sich so mit den Flammen, deren wir uns zur Beleuchtung bedienen. Freilich sind sie, um nur einen Punkt zu berühren, nicht ganz durchsichtig. Zwar können wir eine hinter die intensive Flamme einer Argand'schen Oellampe gehaltene Schrift gut durch jene hindurch lesen; aber eine Kerzenflamme gibt im

Sonnenlichte Schatten, jedoch einen sehr schwachen; auffälliger wird jener bei Anwendung des concentrirten Sonnenlichtes.

Es sei nun dk das körperliche Element einer Gasmasse K von der angegebenen Beschaffenheit, alsdann sendet dasselbe (s. S. 13) dem Flächenelemente df' eine Lichtmenge zu, die sich unter Beibehaltung der bisherigen Bezeichnungen ausdrückt durch:

$$q = \frac{J\,df'.\,cos\,i\,dk}{r^2}.$$

Für die von der ganzen Masse zugesandte Lichtmenge kommt also:

$$Q = df'\,\Sigma\,\frac{J\;cos\,i\,dk}{r^2},$$

wo das Zeichen Σ eine über die ganze Masse sich erstreckende Summation andeutet. Aus der Lehre von der Anziehung wissen wir aber, dass sich die Composante der Attraction des Elementes df' durch die erwähnte Gasmasse, genommen nach der Richtung der Normale des Elementes, ausdrückt durch:

$$C = df'\,\Sigma\,\frac{D\;cos\,i\,dk}{r^2},$$

wenn D die Dichtigkeit und df' die Masse des Elementes bedeutet. Aus der Vergleichung der Ausdrücke für Q und C ziehen wir nun den Schluss, dass die auf das Element treffende Lichtquantität proportional ist der auf dem Elemente senkrechten Composanten der Anziehung, welche das Element von der Gasmasse erleiden würde, wenn die Dichtigkeit der letzteren in jedem Punkte ihrer Leuchtkraft proportional wäre.

V. Von der mittleren Helligkeit einer Fläche.

1. Begriffsbestimmungen.

An und für sich ist es zwar interessant genug, die gesammte Lichtquantität zu kennen, die von einer leuchtenden Fläche auf eine erleuchtete übergeht, in vielen Fällen erlangt aber auch die Berechnung jener Quantität deshalb eine grosse Bedeutung, weil sie selbst leicht gefunden und aus ihr die mittlere Helligkeit einer Fläche bestimmt werden kann, während der exacte Werth der Erleuchtung durch jene Fläche nicht so leicht abgeleitet werden kann. Der Begriff der mittleren Helligkeit ist aber ein zusammengesetzter. Wir unterscheiden nämlich eine wirkliche mittlere Helligkeit (oder Leuchtkraft) von einer scheinbaren mittleren Helligkeit. Um sich diese Begriffe zu bilden, denke man sich erstlich eine selbstleuchtende Fläche, deren Elemente df_1, df_2 etc. bezüglich die Leuchtkräfte i_1, i_2 etc. besitzen. Unter der wirklichen mittleren Leuchtkraft dieser Fläche verstehen wir dann den Quotienten $\frac{i_1 \, df_1 + i_2 \, df_2 + \ldots}{df_1 + df_2 + \ldots}$.

Hätten wir eine erleuchtete Fläche, deren Elemente df_1, $df_2 \ldots$ die Lichtquantitäten $q_1 = \frac{1}{\mu_1} i_1 \pi \, df_1$, $q_2 = \frac{1}{\mu_2} i_2 \pi \, df_2$ etc. erlangen, so kann man diese Elemente, wenn ihre Erleuchtungscoëfficienten μ_1, μ_2 etc. sind, als mit den Leuchtkräften i_1, i_2 etc. begabt denken (s. S. 29). Die mittlere Helligkeit drückt man also der Definition gemäss wieder aus durch $\frac{i_1 \, df_1 + i_2 \, df_2 + \ldots}{df_1 + df_2 + \ldots}$. Geben wir, was in den späteren Fällen unterstellt werden soll, dem Erleuchtungscoëfficienten den constanten Werth μ, und sind jetzt $q_1 = \frac{1}{\mu} i_1 \pi \, df_1$, $q_2 = \frac{1}{\mu} i_2 \pi \, df_2$ etc. die auf die einzelnen Elemente treffenden Lichtquantitäten, so wird die ganze Fläche von der Totalquantität $q_1 + q_2 + \ldots$ getroffen. Denken wir uns nun aber, dass diese gleichmässig über die Fläche verbreitet werde, so kommt auf die Flächeneinheit $\frac{q_1 + q_2 + \ldots}{df_1 + df_2 + \ldots}$.

Auf ein Element df also $\frac{q_1 + q_2 + \ldots}{df_1 + df_2 + \ldots} df$. Die Leuchtkraft dieses Elementes wird dann $\frac{q_1 + q_2 + \ldots}{df_1 + df_2 + \ldots} \cdot \frac{\mu}{\pi} = \frac{i_1 df_1 + i_2 df_2 + \ldots}{df_1 + df_2 + \ldots}$, d. i. gleich der wirklichen mittleren Helligkeit.

Um zweitens den Begriff der scheinbaren mittleren Helligkeit zu erlangen, denken wir uns eine leuchtende Fläche f mit den den einzelnen Punkten entsprechenden Leuchtkräften auf eine Ebene projicirt, die sich in der Nähe von f befindet und auf der Linie senkrecht steht, welche einen centralen Punkt der Fläche mit einem von ihr sehr weit abliegenden Punkte P verbindet. Wir erhalten so statt der Fläche f eine neue ebene leuchtende

Fläche φ, die an die Stelle jener in Bezug auf die Beleuchtung von P gesetzt werden darf. Mit Bezug auf die Beleuchtung in P nennen wir dann den Quotienten $\frac{i_1\,d\varphi_1 + i_2\,d\varphi_2 + \ldots}{d\varphi_1 + d\varphi_2 + \ldots}$ die scheinbare mittlere Helligkeit der ersten Fläche f. Sie unterscheidet sich wesentlich von der wirklichen mittleren Helligkeit; denn diese drückt sich, wenn die Elemente df_1, df_2 etc. den Elementen $d\varphi_1$, $d\varphi_2$ etc. correspondiren, aus durch:

$$\frac{i_1\,df_1 + i_2\,df_2 + \ldots}{df_1 + df_2 + \ldots};$$

dahingegen ist die scheinbare mittlere Helligkeit der Fläche f nichts Anderes als die wirkliche mittlere Helligkeit der Hülfsfläche φ.

Betrachten wir den Mond und sehen von der Heterogeneität seiner Oberfläche ab, so bleibt die wirkliche mittlere Helligkeit der erleuchteten Hälfte constant. Die scheinbare mittlere Helligkeit unseres Satelliten in Bezug auf die Erleuchtung der Erde variirt hingegen je nach der Phase. Bei ab- und zunehmendem Lichte ist sie geringer als beim Vollmonde.

2. Wirkliche mittlere Erleuchtung eines Kreises durch eine senkrecht über seinem Mittelpunkte liegende leuchtende Kugel.

Der Kreis K, Fig. 23, vom Radius R werde beschienen durch die Kugel k, welche in der Entfernung a senkrecht über dem Mittelpunkte C von K schwebe. Der Radius der Kugel sei r und ihre Leuchtkraft J. Der Kreis K werde nun zunächst durch mit ihm concentrische Kreise von den Radien $d\varrho$, $2\,d\varrho$ etc. und durch Radien, welche von einander um den Winkel dv entfernt sind, in viereckige Elemente getheilt. Ein solches Element liege in p um ϱ vom Mittelpunkte C entfernt. Der Inhalt des Elementes ist $\varrho\,d\varrho\,dv$. Be-

Fig. 23.

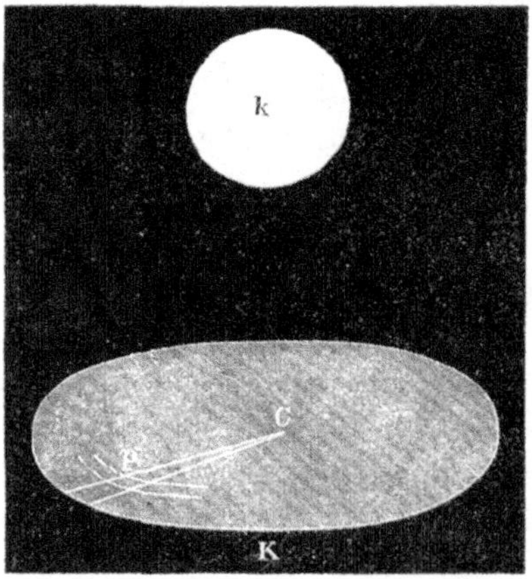

deutet also φ den von p aus sichtbaren Halbmesser der Kugel, so erlangt nach S. 31 das Element die Lichtquantität:

$$q = J \cdot \sin Cpc \cdot \sin \varphi^2 \cdot \pi \cdot \varrho \, d\varrho \, dv.$$

Nun ist aber:

$$\sin Cpc = \frac{a}{\sqrt{a^2 + \varrho^2}} \text{ und } \sin \varphi = \frac{r}{\sqrt{a^2 + \varrho^2}},$$

also:

$$q = J\pi a \cdot \frac{r^2}{(a^2 + \varrho^2)^{\frac{3}{2}}} \cdot \varrho \, d\varrho \, dv.$$

Der ganze Kreis K erlangt hiernach von der Kugel k die Totalquantität:

$$Q = J\pi a r^2 \int_0^{2\pi} dv \int_0^R d\varrho \cdot \frac{\varrho}{(a^2 + \varrho^2)^{\frac{3}{2}}} = 2\pi^2 J r^2 \left(1 - \frac{a}{\sqrt{a^2 + R^2}}\right).$$

Der Definition gemäss ist die wirkliche mittlere Helligkeit des Kreises $H = \frac{Q}{F} \cdot \frac{\mu}{\pi}$, wenn F sein Inhalt und μ sei Erleuchtungscoëfficient ist. Wir haben also:

$$H = 2\mu J \cdot \frac{r^2}{R^2} \left(1 - \frac{a}{\sqrt{a^2 + R^2}}\right)$$

3. Mittlere Erleuchtung eines Rechteckes durch ein zweites Rechteck, das mit dem ersten eine Seite gemein hat und auf ihm senkrecht steht.

Das eine der beiden Rechtecke sei XOY, Fig. 24; das zweite XOa leuchte mit der Kraft J. Zunächst wollen wir uns nun nach der Erleuchtung des ersten Rechteckes durch den unbegrenzten Raum zwischen den Linien ac, aA und cC, dem wir dieselbe Leuchtkraft J wie dem Rechtecke Oc mitgetheilt denken, fragen. Indem wir mit den Coordinaten-Axen OX und OY Parallellinien ziehen, die bezüglich um dy und dx von einander abstehen, zerfällen wir das Rechteck OR in unendlich viele viereckige Elemente vom Inhalte $dx \cdot dy$. In p liege ein solches Element df. Von p fälle man die Senkrechte pd auf OX und errichte in d das Perpendikel db. Nach dem Ergebnisse der S. 42 erlangt alsdann das Element in p von dem unendlichen Raume $AabB$ die Lichtquantität:

$$q = \tfrac{1}{2} J \cdot bpa \cdot \cos bpd \cdot dx\,dy.$$

Unter x und y die Coordinaten von p und unter h die Höhe Oa verstanden, ist aber:

Fig. 24.

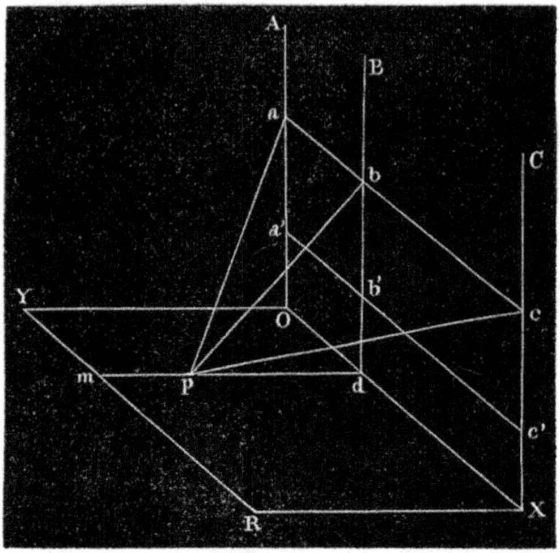

$$tang\, bpa = \frac{x}{\sqrt{h^2+y^2}} = tang\, v \text{ und } cos\, bpd = \frac{y}{\sqrt{h^2+y^2}}.$$

Somit ist:

$$q = \tfrac{1}{2} J \cdot \frac{vy}{\sqrt{h^2+y^2}} \, \mathrm{d}x \, \mathrm{d}y.$$

Die Totalquantität, welche das ganze Rechteck Om von dem Raume $AabB$ erlangt, sobald jedes Element nur von dem links herkommenden Lichte getroffen wird, wird also, wenn wir $OX = X$ und $OY = Y$ setzen:

$$\mathfrak{Q} = \tfrac{1}{2} J \int_0^x \mathrm{d}x \int_0^Y \mathrm{d}y \, \frac{vy}{\sqrt{h^2+y^2}}.$$

Aus der gefundenen Beziehung

$$tang\, v = \frac{x}{\sqrt{h^2+y^2}} \text{ folgt aber:}$$

$$1) \quad \frac{vy}{\sqrt{h^2+y^2}} = v \, tang\, v \cdot \frac{y}{x} \text{ und:}$$

$$2) \quad \frac{\mathrm{d}v}{cos\, v^2} = -\frac{xy\,\mathrm{d}y}{(h^2+y^2)\sqrt{h^2+y^2}} = -\frac{y}{h^2+y^2} \cdot tang\, v \, \mathrm{d}y$$

$$= -\frac{y}{x^2} \, tang\, v^3 \, \mathrm{d}y.$$

Aus 1) und 2) ergibt sich:

$$\int \frac{v y \, dy}{\sqrt{h^2 + y^2}} = x \int v \, . \, d\,(cotg\, v).$$

Setzen wir nun ferner $cotg\, v = u$, so kommt:

$$x \int v\, d\,(cotg\, v) = x \int arc\, cotg\, u\, du = x\,(u\, .\, arc\, cotg\, u + log \sqrt{1 + u^2})$$
$$= x\,(v\, cotg\, v - log\, sin\, v).$$

Es entsprechen aber den Werthen 0 und Y für y die Werthe:

$arc\, tang \frac{x}{h} = t$ und $arc\, tang \frac{x}{\sqrt{h^2 + Y^2}} = s$ für v. Also ist:

$$\int_0^Y dy \frac{v y}{\sqrt{h^2 + y^2}} = x \left(\frac{\sqrt{h^2 + Y^2}}{x} s - \frac{h}{x} t - log\, sin\, s + log\, sin\, t \right)$$
$$= (s \sqrt{h^2 + Y^2} - h t - x\, log\, sin\, s + x\, log\, sin\, t).$$

Was die zweite Integration betrifft, so ist, wie aus den Werthen für s und t folgt:

$$dx = \sqrt{h^2 + Y^2}\, d\,(tang\, s),\quad dx = h\, d\,(tang\, t) \text{ und}$$
$$x\, dx = (h^2 + Y^2)\, tang\, s\, d\,(tang\, s),\quad x\, dx = h^2\, tang\, t\, d\,(tang\, t).$$

Wir haben mithin:

$$dx \int_0^Y dy \frac{v y}{\sqrt{h^2 + y^2}} = [(h^2 + Y^2)\, s\, .\, d\,(tang\, s) - h^2 t\, .\, d\,(tang\, t)$$
$$- (h^2 + Y^2)\, log\, sin\, s\, .\, tang\, s\, .\, d\,(tang\, s)$$
$$+ h^2\, log\, sin\, t\, .\, tang\, t\, .\, d\,(tang\, t)].$$

Den Grenzen 0 und x entsprechen aber bei den Veränderlichen s und t bezüglich die Grenzen 0, s und t. Somit ist:

$$\mathfrak{Q}\,(x) = {}^1\!/_2 J \int_0^x dx \int_0^Y dy \frac{v y}{\sqrt{h^2 + y^2}}$$
$$= {}^1\!/_2 J [(h^2 + Y^2)\,(s\, tang\, s - {}^1\!/_2\, tang\, s^2\, .\, log\, sin\, s + {}^1\!/_2\, log\, cos\, s)$$
$$- h^2\, (t\, tang\, t - {}^1\!/_2\, tang\, t^2\, .\, log\, sin\, t + {}^1\!/_2\, log\, cos\, t)].$$

1) Dies ist also die Totalquantität des Lichtes, welches das Rechteck $O m$ von dem Raume $A a b B$ erlangt, wenn auf das Element mit der Abscisse x blos das links herkommende Licht des entsprechenden Raumes $A a b B$ fällt. Diese Quantität ist für das ganze Rechteck $O R \mathfrak{Q}\,(X)$, d. h. das, was aus $\mathfrak{Q}\,(x)$ wird, wenn wir an die Stelle von x X setzen.

2) In analoger Weise ergibt sich für die Quantität des Rechteckes Xm der Ausdruck $\mathfrak{Q}\,(X - x)$, wenn das Element mit der Abscisse x blos von dem links herkommenden Lichte des entsprechenden Raumes $CcbB$ erleuchtet würde, und jener Ausdruck geht wieder in $\mathfrak{Q}\,(X)$ für das ganze Rechteck OR über.

3) Aus dem Letzten folgt aber, dass die Quantität des Rechteckes Om, wenn das Element mit der Abscisse x blos von dem entsprechenden Raume $CcbB$ erleuchtet würde, durch den Ausdruck $\mathfrak{Q}\,(X) - \mathfrak{Q}\,(X - x)$ wiedergegeben wird. Ferner leuchtet ein, dass die Totalquantität des Rechteckes Om gleich sein wird der Quantität für den Fall, dass das Element mit der Abscisse x von dem entsprechenden Raume $AabB$ erleuchtet wird, mehr der Quantität für den Fall, dass das Element mit der Abscisse x von dem entsprechenden Raume $CcbB$ erleuchtet wird. Diese Totalquantität ist somit:

$$Q = 2\,\mathfrak{Q}\,(X) - \mathfrak{Q}\,(X - x).$$

Das ganze Rechteck OR, für das $x = X$, erlangt somit, da $\mathfrak{Q}\,(0) = 0$ ist, von dem Raume $AacC$ die Totalquantität:

$$Q = 2\,\mathfrak{Q}\,(X),$$

und seine mittlere Helligkeit ist:

$$H = 2 \cdot \frac{\mu}{\pi}\,\frac{\mathfrak{Q}\,(X)}{XY}.$$

4) Die Linie $a'c'$ werde mit ac parallel gezogen und zwar in der Höhe h' über OX. Aus dem Obigen schliessen wir alsdann ohne Weiteres, dass die von dem Rechtecke $acc'a'$ auf OR fallende Totalquantität sich ausdrücke durch:

$$Q = 2\,[\mathfrak{Q}\,(h') - \mathfrak{Q}\,(h)],$$

wenn $\mathfrak{Q}\,(h')$ das bedeutet, was aus $\mathfrak{Q}$ wird, wenn wir h mit h' vertauschen. In diesem Falle ist die mittlere Helligkeit:

$$H = \frac{2\,\mu}{\pi}\,\frac{\mathfrak{Q}\,(h') - \mathfrak{Q}\,(h)}{XY}.$$

5) Die Totalquantität, welche von OC auf Xm fällt, ist:

$$\mathfrak{Q}\,(X - x) + \mathfrak{Q}\,(X) - \mathfrak{Q}\,(x),$$

die, welche von Cd auf Xm fällt, ist:

$$2 \,.\, \mathfrak{Q}\,(X - x).$$

Es fällt somit von OB auf Xm die Totalquantität:

$$\mathfrak{Q}\,(X) - \mathfrak{Q}\,(X - x) - \mathfrak{Q}\,(x).$$

6) Ferner ist die Totalquantität, welche von OB auf Om fällt, $2\,\mathfrak{Q}(x)$, mithin die, welche von OB auf OR fällt:

$$\mathfrak{Q}(X) + \mathfrak{Q}(x) - \mathfrak{Q}(X - x).$$

Andererseits ist die Totalquantität, welche von OC auf Om fällt, nach 5) gleich:

$$\mathfrak{Q}(x) + \mathfrak{Q}(X) - \mathfrak{Q}(X - x).$$

Das Rechteck Om erlangt somit von OC dieselbe Lichtquantität wie das Rechteck OR von OB.

Die Sätze 5) und 6) gelten auch, wenn wir die endlichen Räume Ob, Oc, dc an die Stelle der unbegrenzten Räume OB, OC, dC treten lassen. Ebenso gelten sie auch noch für die entsprechenden Räume des Rechteckes $acc'a'$.

4. Mittlere Helligkeit eines Kreises, welcher der Strahlung eines mit ihm parallelen Flächenelementes ausgesetzt wird.

Die Totalquantität, welche auf den Kreis trifft, kommt dem allgemeinen Gesetze über den Austausch des Lichtes zwischen zwei leuchtenden Flächen (s. S. 25) gemäss derjenigen gleich, welche von dem Kreise auf das Element treffen würde, wenn jener ebenso stark leuchtete wie dieses. Da nun der Kreis, von dem Elemente aus betrachtet, als sphärische Ellipse erscheint, so reducirt sich unser Problem auf das der 37. Seite. Die Weitschweifigkeit der Rechnung sowohl, wodurch die Halbmesser der Ellipse durch diejenigen Daten ausgedrückt erhalten werden, welche die Beziehungen des Elementes und Kreises am Natürlichsten angeben, als auch die interessanten Substitutionen, deren sich Lambert bei der Behandlung unseres Problemes bedient hat, veranlassen uns jedoch, die directe Methode des letzteren hier mitzutheilen.

Es sei K, Fig. 25, der horizontale erleuchtete Kreis mit dem Radius R, in k liege das mit ihm parallele erleuchtende Element vom Inhalte df. Ferner setze man, unter k' die Projection von k verstanden, $kk' = h$, $Ck' = e$. Um k' als Centrum beschreibe man mit den Radien ϱ und $\varrho + d\varrho$ Kreisbogen, die aus K einen gebogenen Streifen DD' herausschneiden. Wir setzen nun: $Dk'C = v$, $DCk' = u$. Alsdann ist der Inhalt des Streifens $2\varrho v\, d\varrho$. Für alle Elemente des Streifens haben die Incidenz-

und Emanationswinkel einen und denselben Werth, nämlich

Fig. 25.

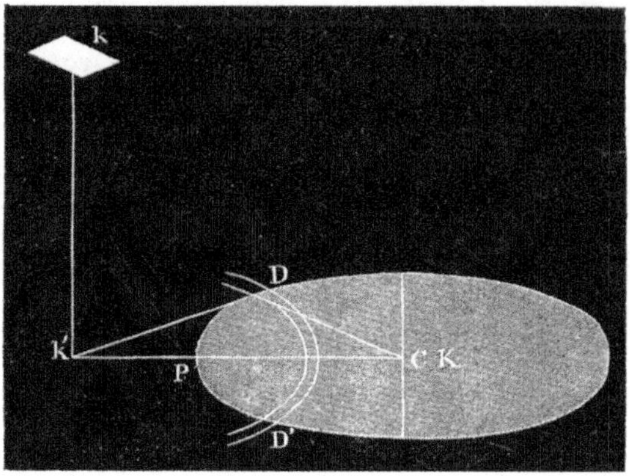

$D k k' = \omega$, so dass also die auf den Streifen $D D$ fallende Lichtquantität sich ausdrückt durch:

$$q = J \mathrm{d} f' \cdot \frac{2 \varrho v \cos \omega^2}{k D^2} d \varrho.$$

Nun ist aber:

$$\varrho = h \tan \omega, \ \mathrm{d} \varrho = \frac{h}{\cos \omega^2} \mathrm{d} \omega$$

und

$$k D^2 = \frac{h^2}{\cos \omega^2},$$

also ist:

$$q = 2 J \mathrm{d} f' . v \sin \omega \cos \omega \, \mathrm{d} \omega = 2 J \mathrm{d} f' . v \sin \omega \, \mathrm{d} (\sin \omega)$$
$$= J \mathrm{d} f' [\mathrm{d} (v \sin \omega^2) - \sin \omega^2 \mathrm{d} v].$$

Da es sich um die Integration dieses Ausdruckes handeln wird, so werden wir auch seinem zweiten Gliede eine bequemere Form geben müssen. Zunächst drücken wir ω und v in ϱ aus. Das Dreieck $C k' D$ liefert:

$$R^2 = \varrho^2 + e^2 - 2 \varrho e \cos v,$$

also ist:

$$\cos v = \frac{1}{2 e} \left(\varrho + \frac{m}{\varrho}\right),$$

wenn wir setzen:

$$1) \quad e^2 - R^2 = m.$$

Wir haben also:

$$-\,dv = \frac{\varrho^2 - m}{\varrho\sqrt{4e^2\varrho^2 - (\varrho^2 + m)^2}}\,d\varrho.$$

Und da, wie man leicht einsieht:

$$\sin\omega^2 = \frac{\varrho^2}{h^2 + \varrho^2},$$

so hat man:

$$-\sin\omega^2\,dv = \frac{\varrho\,(\varrho^2 - m)\,d\varrho}{(h^2 + \varrho^2)\sqrt{4e^2\varrho^2 - (\varrho^2 + m)^2}}.$$

Als neue Veränderliche führen wir jetzt den Winkel u ein. Setzen wir:

$$2)\quad e^2 + R^2 = s,$$

so liefert das Dreieck $Ck'D$:

$$\varrho^2 = s - 2eR\cos u \text{ und } \varrho\,d\varrho = eR\sin u\,du.$$

Mithin haben wir:

$$-\sin\omega^2\,dv$$
$$= \frac{eR\,(s - m - 2eR\cos u)\sin u\,du}{(h^2 + s - 2eR\cos u)\sqrt{4e^2(s - 2eR\cos u) - (s - 2eR\cos u + m)^2}},$$

oder, da nach 1) und 2) $s - m = 2R^2$ und $s + m = 2e^2$ ist:

$$-\sin\omega^2\,dv = \frac{eR\,(2R^2 - 2eR\cos u)\sin u\,du}{(h^2 + e^2 + R^2 - 2eR\cos u)\sqrt{4e^2R^2 - 4e^2R^2\cos u^2}}$$

$$= \frac{(R^2 - eR\cos u)\,d(\cos u)}{(h^2 + e^2 + R^2 - 2eR\cos u)\sqrt{1 - \cos u^2}}$$

$$= -\frac{1}{2}\left(\frac{d(\cos u)}{\sqrt{1 - \cos u^2}} - \frac{(-R^2 + e^2 + h^2)\,d(\cos u)}{(h^2 + e^2 + R^2 - 2eR\cos u)\sqrt{1 - \cos u^2}}\right).$$

Der Kürze halber setzen wir:

$$\frac{e^2 + h^2 - R^2}{2eR} = p \text{ und } \frac{e^2 + h^2 + R^2}{2eR} = q$$

und führen statt u den Winkel $DCl = \frac{\pi}{2} - u = \varphi$ ein. Dann ist:

$$d(\cos u) = \cos\varphi\,d\varphi, \text{ und somit:}$$

$$-\sin\omega^2\,dv = -\frac{1}{2}\left(d\varphi - \frac{p\,d\varphi}{q - \sin\varphi}\right), \text{ folglich:}$$

$$q = J\,df'\left[d\,(v\sin\omega^2) - \frac{1}{2}\,d\varphi + \frac{1}{2}\,\frac{p\,d\varphi}{q - \sin\varphi}\right].$$

Hieraus leitet sich nun sofort für die Totalquantität des Zweieckes DPD' ab:

$$\mathfrak{Q} = \int q = J\,\mathrm{d}f' \left[\int_0^{v \sin \omega^2} \mathrm{d}(v \sin \omega^2) - \frac{1}{2}\int_{\frac{\pi}{2}}^{\varphi} \mathrm{d}\varphi + \frac{1}{2}\int_{\frac{\pi}{2}}^{\varphi} \frac{p\,\mathrm{d}\varphi}{q - \sin\varphi}\right]$$

$$= J\,\mathrm{d}f' \left[v \sin \omega^2 + \frac{1}{2}\left(\frac{\pi}{2} - \varphi\right) + \frac{1}{2}\, p \int_{\frac{\pi}{2}}^{\varphi} \frac{\mathrm{d}\varphi}{q - \sin\varphi}\right].$$

Nun ist aber, wenn wir die Substitution $tang\,\frac{1}{2}\varphi = z$ anbringen:

$$\frac{1}{2}\int \frac{\mathrm{d}\varphi}{q - \sin\varphi} = \int \frac{\mathrm{d}z}{q - 2z + qz^2} = \frac{1}{\sqrt{q^2-1}}\, arc\ tang\, \frac{qz - 1}{\sqrt{q^2-1}},$$

und hieraus folgt:

$$\frac{1}{2}\int_{\frac{\pi}{2}}^{\varphi} \frac{\mathrm{d}\varphi}{q - \sin\varphi} = \frac{1}{\sqrt{q^2-1}}\left(arc\ tang \frac{q\,tang\,\frac{1}{2}\varphi - 1}{\sqrt{q^2-1}} - arc\ tang \frac{q-1}{\sqrt{q^2-1}}\right).$$

Also ist:

$$\mathfrak{Q} = J\,\mathrm{d}f' \left[v \sin w^2 + \frac{1}{2}\left(\frac{\pi}{2} - \varphi\right)\right.$$

$$\left. + \frac{p}{\sqrt{q^2-1}}\left(arc\ tang\, \frac{q\,tang\,\frac{1}{2}\varphi - 1}{\sqrt{q^2-1}} - arc\ tang\, \frac{q-1}{\sqrt{q^2-1}}\right)\right].$$

Um hieraus die auf den ganzen Kreis fallende Quantität zu erhalten, ist $\varphi = -\frac{\pi}{2}$ und $v = 0$ zu setzen; es kommt hierfür:

$$Q = J\,\mathrm{d}f' \left[\frac{1}{2}\pi - \frac{p}{\sqrt{q^2-1}}\left(arc\ tang\, \frac{q+1}{\sqrt{q^2-1}} + arc\ tang\, \frac{q-1}{\sqrt{q^2-1}}\right)\right].$$

Da aber das Product der hier vorkommenden Tangenten der Einheit gleich ist, so ist die Summe ihrer Bogen $\frac{\pi}{2}$ und somit:

$$Q = \frac{1}{2} J\,\mathrm{d}f'\,\pi \left(1 - \frac{p}{\sqrt{q^2-1}}\right).$$

Hierfür erhalten wir durch Substitution der Werthe von p und q und durch leichte Transformationen der Reihe nach folgende Ausdrücke:

$$Q = \frac{1}{2} J \mathrm{d}f' \cdot \pi \left[1 - \frac{h^2 + e^2 - R^2}{\sqrt{(h^2 + e^2 + R^2)^2 - 4e^2R^2}}\right]$$

$$= \frac{1}{2} J \mathrm{d}f' \cdot \pi \left[1 - \frac{h^2 + e^2 - R^2}{\sqrt{[h^2 + (e+R)^2]\,[h^2 + (e-R)^2]}}\right]$$

$$= \frac{1}{2} J \mathrm{d}f' \cdot \pi \left[1 - \frac{h^2 + e^2 - R^2}{\sqrt{(h^2 + e^2 - R^2)^2 + 4h^2R^2}}\right].$$

Bezeichnen wir die Entfernungen des Punktes k von den Punkten P, C und P' als Minimum, Medium nnd Maximum mit *min.*, *med.*, *max.*, so erhalten wir die elegante Formel:

$$Q = \frac{1}{2} J \mathrm{d}f' \cdot \pi \left[1 - \frac{(med. + R)\,(med. - R)}{max. \times min.}\right].$$

Bedeutet μ den Erleuchtungscoëfficienten des Kreises K, so ist dessen mittlere Helligkeit:

$$H = \frac{\mu J \mathrm{d}f'}{\cdot \pi R^2} \left[1 - \frac{(med. + R)\,(med. - R)}{max. \times min.}\right].$$

Wir überlassen es dem Leser, auf die zahlreichen Fälle und Anwendungen des soeben behandelten Problemes näher einzugehen. Auf dasselbe stützt sich unter Anderem das folgende wichtige Problem.

5. Mittlere Helligkeit eines Kreises, welcher von einem zweiten Kreise beschienen wird, der jenem parallel ist, und dessen Centrum senkrecht über dem des ersten liegt.

Ueber dem Kreise K, Fig. 26, mit dem Radius R schwebe der leuchtende Kreis k mit dem Radius r. Die Ebenen beider

Fig. 26.

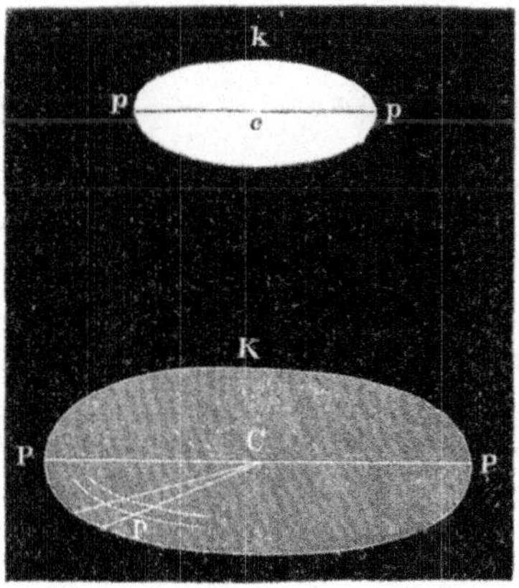

Kreise seien parallel und es liege das Centrum c in der Höhe h senkrecht über dem Centrum C. Um das letztere denken wir uns concentrische Kreise mit den Radien $\mathrm{d}\varrho$, $2\mathrm{d}\varrho$ etc. beschrieben. Diese theilen den Kreis K in Ringe. Einer von diesen Ringen habe den inneren Halbmesser ϱ; er werde durch Radien des Kreises K in lauter gleiche Elemente $\mathrm{d}f'$ getheilt. Jedes von diesen erlangt von dem Kreise k offenbar eine gleiche Lichtquantität und zwar eine ebenso grosse als der Kreis k von einem Elemente erlangen würde, wenn dieses dieselbe Leuchtkraft wie k besässe. Bezeichnen wir also diese mit J, so erlangt dem vorigen Probleme zufolge das Element df' die Quantität:

$$q = \frac{1}{2} J df' . \pi \left[1 - \frac{h^2 + \varrho^2 - r^2}{\sqrt{(h^2 + \varrho^2 - r^2)^2 + 4h^2r^2}}\right]$$

und somit der ganze Ring die Quantität:

$$q' = \frac{1}{2} J . \pi \left[1 - \frac{h^2 + \varrho^2 - r^2}{\sqrt{(h^2 + \varrho^2 - r^2)^2 + 4h^2r^2}}\right] 2\varrho\pi\, d\varrho.$$

Die Totalquantität, welche den ganzen Kreis K trifft, ist mithin:

$$Q = J\pi^2 \int_0^R \left[1 - \frac{h^2 + \varrho^2 - r^2}{\sqrt{(h^2 + \varrho^2 - r^2)^2 + 4h^2r^2}}\right] d\varrho$$

$$= \frac{1}{2} J\pi^2 \left[h^2 + r^2 + R^2 - \sqrt{(h^2 + R^2 - r^2)^2 + 4h^2r^2}\right]$$

$$= \frac{1}{2} J\pi^2 \left[h^2 + r^2 + R^2 - \sqrt{(h^2 + R^2 + r^2)^2 - 4R^2r^2}\right]$$

$$= \frac{1}{2} J\pi^2 \left[h^2 + r^2 + R^2 - \sqrt{(h^2 + [R + r]^2)(h^2 + [R - r]^2)}\right]$$

Sind aber PP' und pp' zwei parallele Radien der beiden Kreise, so ist:

$$Pp^2 = h^2 + (R - r)^2,\quad Pp'^2 = h^2 + (R + r)^2,$$

woraus:

$$\frac{1}{2}(Pp^2 + Pp'^2) = h^2 + r^2 + R^2.$$

Der Ausdruck Q erlangt demzufolge diese elegante Form:

$$Q = \frac{1}{4} J\pi^2 (Pp^2 + Pp'^2 - 2Pp . Pp')$$

$$= \frac{1}{4} J\pi^2 (Pp' - Pp)^2.$$

Für die mittlere Helligkeit des Kreises K findet man hieraus:

$$H = \frac{\mu J}{4R^2} (Pp' - Pp)^2.$$

6. Scheinbare mittlere Helligkeit der Mondphasen.

Die der Erde zugekehrte Hemisphäre des Mondes sei $ABA'B'$, Fig. 27, so dass senkrecht über der Mitte E sich die Erde befindet. Von der Halbkugel werde der durch den Bogen AGA' begrenzte Theil von den Strahlen der Sonne getroffen, die sich senkrecht über S, dem Pole von AGA', befindet. Wir theilen die Oberfläche des Mondes durch Parallelkreise, die sich um A als Pol herumziehen und um dx von einander abstehen, und durch Meridiane, die durch AA' gehen und um dy von einander entfernt sind, in unendlich kleine Elemente.

Fig. 27.

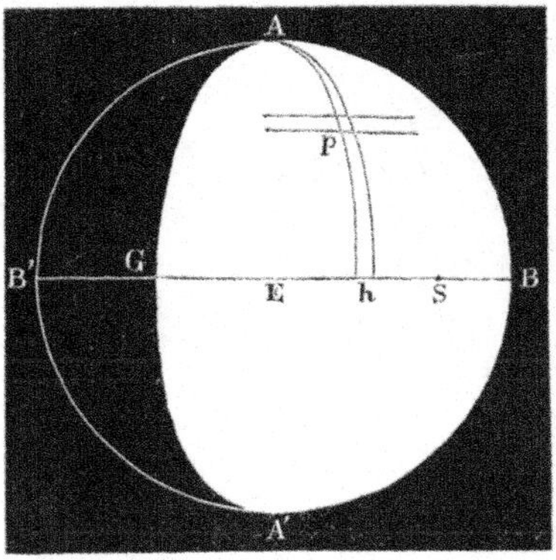

Ein solches Element liege im Punkte p, für den $pA = x$ und $Gh = y$ sei. Bedeutet dann σ den scheinbaren Halbmesser der vom Monde aus gesehenen Sonne und J deren Leuchtkraft und ϱ den Radius des Mondes, so erlangt das Element in p, dessen Inhalt $\varrho^2 \sin x \, dx \, dy$ ist, die Lichtquantität:

$$q = J\pi \cos Sp \,.\, \sin \sigma^2 \,.\, \varrho^2 \sin x \, dx \, dy.$$

Bedeutet also ferner noch μ den (überall gleichgedachten) Erleuchtungscoëfficienten des Mondes, so ist die Leuchtkraft des Elementes in p:

$$i = \mu J \,.\, \cos Sp \,.\, \sin \sigma^2.$$

Aus dem rechtwinkligen Dreiecke Sph ergibt sich aber:

$$\cos Sp = \sin x \,.\, \sin y,$$

also ist:

$$1) \quad i = \mu J \,.\, \sin \sigma^2 \,.\, \sin x \sin y.$$

Projiciren wir das in p befindliche Element auf die Diametralebene $ABA'B'$, so wird der Inhalt der Projection $d\varphi = \varrho^2 \sin x \cos Ep \,.\, dx \, dy$. Es ist aber, wenn $GE = a$ gesetzt wird, wie das rechtwinklige Dreieck Eph liefert:

$$\cos Ep = \sin x \cos (y - a),$$

also:

$$2) \quad d\varphi = \varrho^2 \sin x^2 \cos (y - a) \, dx \, dy.$$

Eür die scheinbare mittlere Helligkeit der von der Erde aus betrachteten Mondphase $ABAG'$ kommt also nach S.

$$H = \frac{\Sigma i \mathrm{d}\varphi}{\Sigma \mathrm{d}\varphi} = \frac{\mu J \varrho^2 \sin \sigma^2 \int\limits_0^\pi \mathrm{d}x \sin x^3 \int\limits_0^{\frac{\pi}{2}+a} \mathrm{d}y \sin y \cos(y-a)}{\varrho^2 \int\limits_0^\pi \mathrm{d}x \sin x^2 \int\limits_0^{\frac{\pi}{2}+a} \mathrm{d}y \cos(y-a)}$$

Nun ist aber, wie man leicht findet:

$$\int\limits_0^\pi \sin x^3 \,\mathrm{d}x = \frac{4}{3},$$

$$\int\limits_0^{\frac{\pi}{2}+a} \mathrm{d}y \sin y \cos(y-a) = \frac{1}{2}\left[\cos a + \left(\frac{\pi}{2}+a\right) \sin a\right],$$

$$\int\limits_0^\pi \sin x^2 \,\mathrm{d}x = \frac{\pi}{2} \text{ und}$$

$$\int\limits_0^{\frac{\pi}{2}+a} \cos(y-a)\,\mathrm{d}y = 1 + \sin a.$$

Wir haben somit:

$$H = \frac{4\mu}{3\pi} J \sin \sigma^2 \frac{\cos a + \left(\frac{\pi}{2}+a\right) \sin a}{1+\sin a}.$$

Führen wir aber statt des Winkels a die Winkeldistanz v des Mondes von der Sonne ein, so hat man:

$$v = \frac{\pi}{2} + a \text{ und somit:}$$

$$H = \frac{4\mu}{3\pi} J \sin \sigma^2 \frac{\sin v - v \cos v}{1 - \cos v}.$$

$$= \frac{4\mu}{3\pi} J \sin \sigma^2 \operatorname{cotg} \frac{1}{2} v \,(1 - v \operatorname{cotg} v).$$

Verbreiten wir diese Leuchtkraft gleichmässig über die Projection der Phase auf den Diametralschnitt $ABA'B'$, so bringt die Projection denselben Lichteffect wie die Phase selbst in einem Punkte der Erde hervor.

Ein in dem Punkte S befindliches Element df' des Mondes erlangt von der Sonne die Lichtquantität:

$$q = J df' \cdot \sin \sigma^2 \cdot \pi.$$

Seine Intensität, oder Helligkeit, also die centrale Helligkeit des Vollmondes ist mithin:

$$i = \mu \cdot J \sin \sigma^2.$$

Setzen wir diese $= 1$, so ergeben sich für die scheinbare mittlere Helligkeit der Mondphasen, wie sie der Elongation v entsprechen, die in der folgenden Tafel zusammengestellten, von Lambert berechneten Werthe.

v	H	v	H	v	H
0°	0,0000	60°	0,2907	120°	0,5413
10	0,0494	70	0,3366	130	0,5747
20	0,0986	80	0,3814	140	0,6043
30	0,1475	90	0,4244	150	0,6294
40	0,1959	100	0,4657	160	0,6490
50	0,2437	110	0,5048	170	0,6619
60	0,2907	120	0,5413	180	0,6666

Man bemerke jedoch, dass die hier zu Grunde gelegte Einheit selbst wieder von der Elongation v abhängig ist, insofern sich mit dieser auch der Werth von σ ändert. Bedeutet Σ den Werth dieses Winkels für $v = o$ und σ' für $v = v'$, so ist der in der Tafel bei v' stehende Werth von H mit $\frac{\sin \Sigma^2}{\sin \sigma'^2}$ zu multipliciren, wenn wir Alles auf die absolute Einheit $\mu J \sin \Sigma^2$ beziehen. Die Grösse Σ ist aber der vom Monde aus gesehene Halbmesser der Sonne zu der Zeit, wo jener bei derjenigen Rotation, die man eben betrachtet, in Conjunction mit der Sonne steht.

Die obigen Erörterungen dehnen sich *mutatis mutandis* auch auf die Phasen der Planeten und ihrer Satelliten aus.

7. Berechnung des aschfarbenen Lichtes des Mondes.

Der dunkle Theil einer Mondphase ist nicht allen Lichtes beraubt. Er erlangt solches von dem ihm sichtbaren Theile der

Erde, der im Sonnenlichte glänzt, und von diesem Erdenlichte, wenn auch nur schwach erhellt, erscheint er uns wiederum in dem sogenannten aschfarbenen Lichte. Wir wollen jetzt die mittlere Helligkeit des letzteren berechnen.

In Fig. 28, deren Ebene die Centra der Sonne, der Erde und des Mondes enthalte, sei E die Erde, M der Mond, und

Fig. 28.

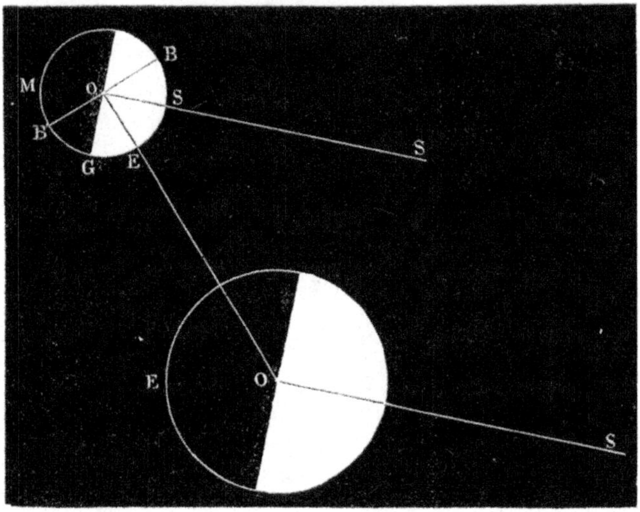

die Sonne liege in der Richtung OS, oS. Die Elongation des Mondes von der Sonne, d. i. oOS, sei v, die der Erde und der Sonne, vom Monde aus betrachtet, d. i. OoS, sei $v' = 180^0 - v$. Ferner sei ε der Erleuchtungscoëfficient der Erde und s der scheinbare Halbmesser der Sonne für die Erde. Endlich sei r der Radius der Erde, D ihre Entfernung vom Monde.

Das vorhergehende Problem bestimmt nun die scheinbare mittlere Helligkeit der Erdphase für den Mond zu:

$$h = \frac{4\,\varepsilon}{3\,\pi}\,J\,\sin s^2 \cdot \frac{\sin v' - v' \cos v'}{1 - \cos v'}.$$

Der Inhalt des auf eine senkrecht zu Oo stehende Ebene projicirten leuchtenden Erdtheiles drückt sich aus durch:

$$t = r^2 \int_0^{\pi} dx \sin x^2 \int_0^{v'} dy \cos\left(y - v' + \frac{\pi}{2}\right) = \frac{1}{2}\,r^2\,\pi\,(1 - \cos v').$$

Sohin erlangt ein Mondelement df' in E, welches von der Erde senkrecht beschienen wird, die Lichtquantität

$$q = \frac{ht}{D^2} = \frac{2\varepsilon r^2}{3D^2} J \sin s^2 (\sin v' - v' \cos v') \, df',$$

und seine Leuchtkraft ist:

$$i = \frac{\mu q}{\pi \, df'} = \frac{2\varepsilon \mu r^2}{3\pi D^2} J \sin s^2 (\sin v' - v' \cos v').$$

Hieraus und mit Hülfe des Vorhergehenden finden wir nun das Gesuchte durch folgende Betrachtungen. Hätten wir bei der ersten Entwicklung des vorhergehenden Problemes angenommen, dass die Sonne senkrecht über E stehe (s. Fig. 27), so hätten wir für die scheinbare Helligkeit der Phase $AB'A'G$, wenn $B'G = y'$ gesetzt wird, gefunden:

$$H' = \frac{\mu J \sin \sigma^2 \int\limits_0^\pi dx \sin x^3 \int\limits_0^{y'} dy \sin y \cos\left(y - \frac{\pi}{2}\right)}{\int\limits_0^\pi dx \sin x^2 \int\limits_0^{y'} dy \cos\left(y - \frac{2}{\pi}\right)}$$

$$= \frac{2\mu J \sin \sigma^2 (2y' - \sin 2y')}{3\pi(1 - \cos y')}.$$

In diesem Falle ist die Helligkeit in $E \mu J \sin \sigma^2$. Tritt also an die Stelle der letzteren bei übrigens gleicher Beleuchtungsart i', so wird die mittlere Helligkeit H' übergehen in:

$$H'' = \frac{2i'(2y' - \sin 2y')}{3\pi(1 - \cos y')}.$$

Dies tritt aber in unserem Falle annäherungsweise ein, so dass wir also aus H'' die scheinbare mittlere Helligkeit des blos von der Erde beschienenen Theiles erhalten, wenn wir für i den weiter oben gefundenen Werth und für y' v' setzen. Die mittlere Helligkeit des in aschfarbenem Lichte erscheinenden Mondes drückt sich also aus durch:

$$H = \frac{4i(v' - \sin v' \cos v')}{3\pi(1 - \cos v')}.$$

Hierfür können wir noch setzen, indem wir die Elongation v des Mondes einführen:

$$H = \frac{4i[(\pi - v) + \sin v \cos v]}{3\pi(1 + \cos v)}.$$

Aus dieser Formel werden wir bald die Variationen des aschfarbenen Lichtes abzuleiten lernen.

8. Vergleichung des Mond- und Sonnenlichtes.

Indem wir in die Formel der S. 64 $v = \pi$ setzen, erhalten wir für die scheinbare mittlere Helligkeit des Vollmondes:

$$H = \frac{2}{3} \mu J \sin \sigma^2.$$

Die scheinbare mittlere Helligkeit $\mathfrak{H}$ der Sonne ist offenbar nichts Anderes als J; wir erhalten also für die Helligkeiten der beiden Gestirne das Verhältniss:

$$\frac{H}{\mathfrak{H}} = \frac{2}{3} \mu \sin \sigma^2.$$

Nun ist aber σ ungefähr 16′, also:

$$\frac{H}{\mathfrak{H}} = 0{,}000014441 \cdot \mu.$$

In einem anderen Verhältnisse jedoch stehen die durch beide Himmelskörper bedingten Erleuchtungen, die jetzt betrachtet werden sollen. Die Lichtquantität, welche von einer Mondphase auf ein senkrecht gegen ihre Strahlung gehaltenes Element df' trifft, drückt sich aus durch:

$$q = \frac{h\,t}{D^2}\, df',$$

wenn h die mittlere Helligkeit der Phase, t die Projection der letzteren auf die Ebene des Elementes und D die Entfernung des Mondes bedeutet. Dem Früheren gemäss haben wir also, wenn v die Elongation des Mondes ist:

$$q = \frac{2 \mu \varrho^2}{3 D^2} J \sin \sigma^2 (\sin v - v \cos v)\, df'.$$

Die Quantität aber, welche auf das Element fallen würde, wenn wir es den Sonnenstrahlen senkrecht zukehrten, ist:

$$Q = J \sin s^2 \pi\, df'.$$

Das Verhältniss der Erleuchtungen durch den einen und andern Himmelskörper ist mithin:

$$\frac{q}{Q} = \frac{2\,\mu\,\varrho^2\ \sin\sigma^2}{3\,\pi\,D^2\ \sin s^2}\,(\sin v - v\cos v).$$

Hierfür kann aber, da $\frac{\varrho}{D}$ der Sinus des scheinbaren Halbmessers l des Mondes ist, gesetzt werden:

$$\frac{q}{Q} = \frac{2\,\mu\,\sin l^2\,\sin\sigma^2}{3\pi\,\sin s^2}\,(\sin v - v\cos v).$$

Die Grösse $\frac{\mu\,\sin l^2\,\sin\sigma^2\,Q}{\sin s^2}$ ändert sich mit v nur unerheblich und die durch ihre Variation bedingte Correction ist leicht zu finden; setzen wir aber dieselbe gleich 1, so ergeben sich für die verschiedenen Elongationen v die in der folgenden Tabelle stehenden von Lambert berechneten Werthe für q.

v	q		v	q		v	q	
0°	0,0000	180°	60°	0,0727	120°	120°	0,4060	60
10	0,0004	170	70	0,1107	110	130	0,4720	50
20	0,0030	160	80	0,1576	100	140	0,5336	40
30	0,0099	150	90	0,2122	90	150	0,5872	30
40	0,0229	140	100	0,2733	80	160	0,6294	20
50	0,0435	130	110	0,3387	70	170	0,6569	10
60	0,0727	120	120	0,4060	60	180	0,6666	0
	i	v		i	v		i	v

Wenn wir in der ersten Formel für q μ mit λ, ϱ mit r, σ mit s und v mit $v' = \pi - v$ vertauschen, so erhalten wir die Lichtquantität, welche ein Element df' des Mondes in dem Punkte E von der Erde zugeschickt erhält. Somit wird auch die Leuchtkraft i im Punkte E durch die Zahlen der vorhergeschickten Tabelle ausgedrückt, wenn wir die unteren Columnentitel gelten lassen und als Einheit den Ausdruck $\frac{\varepsilon\mu r^2\,\sin\,\sigma^2 J}{D^2}$ nehmen. Diese Einheit zu Grunde gelegt, findet man dann noch mittelst der Formel auf S. 67 für die scheinbare mittlere Helligkeit des aschfarbenen Lichtes für die zwischen 0 und $\frac{\pi}{2}$ gelegenen Elongationen folgende Werthe.

v	H	v	H
0°	0,4444	50°	0,3367
10	0,4408	60	0,2903
20	0,4328	70	0,2401
30	0,4080	80	0,1894
40	0,3765	90	0,1415

Das Verhältniss $\frac{q}{Q}$ geht für den Fall, dass der Mond voll ist, und wenn $\sigma = 16'$ gesetzt wird, über in

$$\frac{q}{Q} = \frac{2\mu \sin l^2 \sin \sigma^2}{3 \sin s^2} = 0{,}000014441 \cdot \mu \cdot \frac{\sin l^2}{\sin s^2}.$$

Die in dieser Formel vorkommenden Grössen l, σ und s sind aus astronomischen Beobachtungen bekannt. Somit könnte mittelst der Formel der Erleuchtungscoëfficient μ des Mondes gefunden werden, sobald nur das Verhältniss $\frac{q}{Q}$ bestimmt wäre.

Zuerst wurde diese Bestimmung von Bouguer unternommen. Er fand, dass das Sonnenlicht auf der Erde dem von 11664 Wachskerzen in der Entfernung von 16 franz. Zollen, oder von 5774 Wachskerzen in der Entfernung von 1 engl. Fusse gleichkomme, und schätzte, dass das Licht der Sonne in runder Zahl 300000mal stärker als das des Mondes sei. Die letztere Zahl ist aber jedenfalls viel zu klein. Aus ihr würde sich, wenn wir, was nahe der Fall ist, $l = s$ annehmen, für μ der Werth 0,23 ergeben, während der Werth des Erleuchtungscoëfficienten des feinsten Bleiweisses, des Cremser Weisses, wie wir später sehen werden, nur ungefähr 0,4 ist. Nach Bouguer hat Lambert das Mondlicht mit dem einer Talgkerze verglichen. Er stellte den Versuch wie folgt an. Durch das offene Fenster liess er die Strahlen des Vollmondes, der in einer Höhe von 63° stand, auf die horizontale weisse Ebene EF, Fig. 29, fallen; der Theil GE der Ebene wurde durch die senk-

Fig. 29.

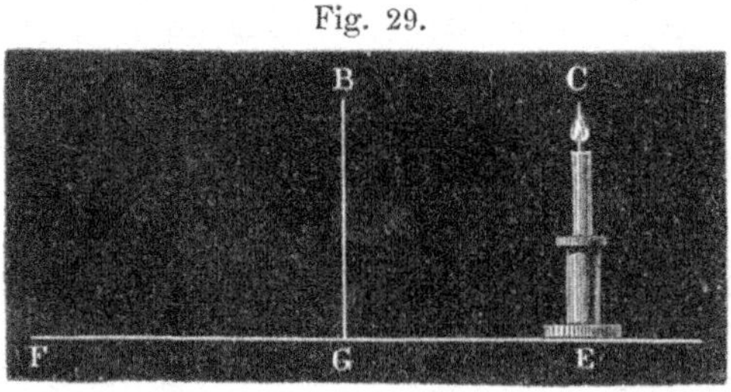

rechte schwarze Ebene BG beschattet. Auf jenem Theile aber stand die brennende Talgkerze EC, die ihrerseits nur den Raum GE erleuchtete. Die Talgkerze wurde nun der Ebene BG so lange genähert oder von ihr fortgerückt, bis die Helligkeit der Ebene EF bei G auf beiden Seiten der dunkeln Ebene BG gleich war. Als dies erreicht war, wurden die Distanzen GE und EC gemessen; es war $GE = 3'$ par. M., $EC = 8''$, und hieraus berechnet sich für den Winkel EGC der Werth $12^0\,32'$. Die Höhe der Kerzenflamme betrug $18'''$ par. M., ihr grösster Durchmesser $3'''$. Bedeutet nun $q\,\mathrm{d}f'$ die Lichtquantität, welche von der Flamme in der Entfernung von $1'$ par. M. senkrecht auf das Element $\mathrm{d}f'$ trifft, so fällt auf letzteres, wenn es nach G gebracht wird, die Quantität:

$$\frac{q\,\mathrm{d}f' \sin 12^0\,32'}{3^2 + \left(\frac{2}{3}\right)^2}.$$

Andererseits ist die Lichtquantität des vom Monde beschienenen Elementes in G, wenn $q'\mathrm{d}f'$ seine Quantität bei senkrechter Ausstrahlung bedeutet:

$$q'\,\mathrm{d}f' \cdot \sin 63^0.$$

Wir haben also:

$$\frac{q'}{q} = \frac{\sin 12^0\,32'}{\left[3^2 + \left(\frac{2}{3}\right)^2\right] \sin 63^0} = 0{,}02577.$$

Die Erleuchtung durch den Vollmond beträgt also nur ungefähr $\frac{1}{40}$ der Erleuchtung durch eine Talgkerze in der Entfernung von einem pariser Fuss.

Von diesem Resultate weicht wieder dasjenige, zu welchem Wollaston durch Vergleichung der Schatten (s. S. 10) gelangt ist, erheblich ab. Dieser Physiker fand nämlich, dass sich die Erleuchtung durch den Vollmond zu der einer Kerzenflamme in der Entfernung eines englischen Fusses wie 1 : 144 verhalte.

Wollaston hat auch die Erleuchtung durch die Sonne mit der durch eine Talgkerze verglichen. Er brachte in dem Fensterladen einer dunkeln Kammer eine kleine Oeffnung an und fing den Schatten, welchen ein kleiner opaker Cylinder, von den durch die Oeffnung dringenden Sonnenstrahlen beleuchtet, warf, mit einem Schirme auf. Mit jenem Schatten verglich er nun den von einer Kerzenflamme auf demselben Schirme erzeugten und verschob jene, bis beide Schatten gleich hell erschienen, da denn die Erleuchtung des Flammen-Schattens durch die Sonne der Erleuchtung des Sonnen-Schattens durch die Kerze gleich war. Hierauf wurde die Entfernung der Flamme und der Oeffnung vom Schirme und der Durchmesser der Oeffnung bestimmt; diese Grössen seien bezüglich e, E und δ. Bedeutet dann $q\,\mathrm{d}f'$ die Lichtquantität, welche das Element $\mathrm{d}f'$ in der Entfernung eines englischen Fusses bei senkrechter Strahlung von der Kerze erlangt, so erhält es, auf den Schirm in den Sonnen-Schatten gebracht, $\frac{q\,\mathrm{d}f'}{e^2}$. Und ist $Q\,\mathrm{d}f'$ die Quantität des von der vollen Sonnenscheibe erleuchteten Elementes, so wird diese Quantität, wenn das Element auf den Schirm in den Flammen-Schatten gebracht wird, in demselben Verhältnisse geringer werden, als der vom Schirme aus durch die Oeffnung sichtbare Theil der Sonne kleiner ist als die ganze Sonnenscheibe. Dies Verhältniss fällt aber ersichtlich mit demjenigen zusammen, in welchem die Quadrate der Tangenten der scheinbaren Halbmesser von Oeffnung und Sonne stehen. Hiernach drückt sich die Quantität des Elementes im Flammen-Schatten durch $Q\,\mathrm{d}f \frac{\left(\frac{\delta}{2E}\right)^2}{tang\; s^2}$ aus, wenn s der scheinbare Halbmesser der Sonne ist. Wir haben also:

$$\frac{Q}{q} = \frac{4\,E^2\; tang\; s^2}{\delta^2\, e^2}.$$

Aus 12 Beobachtungen ergab sich im Mittel:

$$\frac{Q}{q} = 5563.$$

Verbinden wir dieses Resultat mit dem oben erwähnten für das Mondlicht, so finden wir für das Verhältniss der Erleuchtungen durch Sonne und Mond:

$$\frac{Q}{q} = 5563 \cdot 144 = 801072.$$

Hieraus berechnet sich mit Hülfe der Formel auf S. 70 der Erleuchtungscoëfficient μ des Mondes zu 0,086, oder ungefähr $\frac{1}{10}$. Dieser Werth stimmt besser mit unseren Vorstellungen über die physikalische Beschaffenheit der Mondoberfläche überein als der weiter oben aus den Bouguer'schen Bestimmungen abgeleitete. In Betreff der Erleuchtung durch die Sonne stimmen übrigens die Resultate Bouguer's und Wollaston's ganz befriedigend überein. Gleichwohl hat diese Uebereinstimmung nur geringe Bedeutung, da die Vergleichungseinheit, die Erleuchtung durch eine Kerzenflamme, so sehr unbestimmt ist. Nicht ohne Werth aber ist die Wollaston'sche Bestimmung des Verhältnisses der Erleuchtungen durch Sonne und Mond.

Drittes Capitel.

Die indirecte Erleuchtung.

I. Von der Helligkeit dioptrischer und katoptrischer Bilder.

Eine exacte Untersuchung der Helligkeit dioptrischer und katoptrischer Bilder ist ohne ein Eingehen in die schwierigsten Theile der Optik nicht möglich. Hier werden wir uns mit einer approximativen, auf die einfachsten Fälle sich beschränkenden Behandlung begnügen.

LL', Fig. 31, sei der Durchschnitt einer Linse, von der wir dieselben Verhältnisse wie in den Elementen der Dioptrik unterstellen, d. h. wir nehmen an, dass die Dicke der Linse gegen die übrigen zur Sprache kommenden Linien vernachlässigt werden kann, sowie dass sie nur von solchen Strahlen, die der Axe *cc'* nahe liegen, getroffen werde. Die Oeffnung oder Apertur der Linse sei *ll'*, von Kreisform und dem Radius ϱ. Ferner sei *ab* ein Gegenstand, der der Einfachheit wegen auch kreisförmig angenommen und von der Axe *cc'* im Mittelpunkt *c* senkrecht getroffen werde. Der Ge-

Fig. 30.

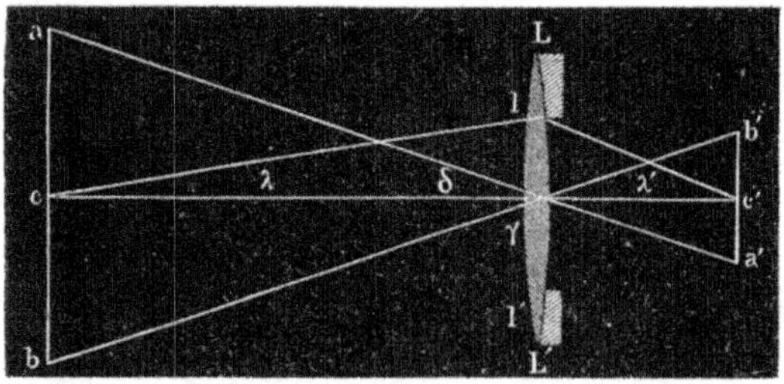

genstand sendet seine Strahlen nach der Linse hin und nach ihrer Brechung gestaltet sich hinter jener das umgekehrte Bild $a'b'$. In einem Punkte von diesem versammeln sich alle Strahlen, die der entsprechende Punkt des Gegenstandes nach der Apertur ll' hinschickt, und jene beide Punkte liegen mit dem Mittelpunkte γ der Linse in einer geraden Linie.

Sehen wir zunächst von der Undurchsichtigkeit der Linse ab, so leuchtet ein, dass die ganze Lichtquantität, welche von ab auf ll' trifft, auch in dem Bilde $a'b'$ sich sammelt. Für diese Quantität ergibt sich aber den früheren Betrachtungen der S. 62 zufolge:

$$Q = \frac{1}{4} J\pi^2 (lb - la)^2.$$

Bedeutet somit r' den Halbmesser des Bildes, so ist die mittlere Helligkeit des Bildes an und für sich:

$$H = \frac{1}{4} \frac{J}{r'^2} (lb - la)^2.$$

Fangen wir aber das Bild mit einer Ebene auf, deren Erleuchtungscoëfficient μ ist, so wird die mittlere Helligkeit des aufgefangenen Bildes:

$$H' = \frac{1}{4} \frac{J\mu}{r'^2} (lb - la)^2.$$

Die Helligkeit eines Bildpunktes ist *caeteris paribus* offenbar nur von derjenigen des entsprechenden Punktes im Objecte abhängig. Lassen wir also ab immer kleiner und kleiner werden, so ändert sich die Helligkeit in dem Mittelpunkte c' des Bildes nicht. Für ein sehr kleines ab hat man aber, da la und lb nahe parallel sind, $lb - la = ab \,.\, \sin lc\gamma$, oder, wenn wir den Halbmesser von ab mit r und den scheinbaren Halbmesser der von c aus betrachteten Apertur, d. i. $lc\gamma$ mit λ bezeichnen, $2 \,.\, r \sin \lambda$. Für ein verschwindendes r ist also die mittlere Helligkeit des Bildes, oder ist die centrale Helligkeit des Bildes an und für sich:

$$\mathfrak{H} = J \sin \lambda^2 \,.\, \frac{r^2}{r'^2}.$$

Es ist aber:

1) $r = c\gamma \,.\, \operatorname{tang} c\gamma a = d \,.\, \operatorname{tang} \delta$ und $r' = c'\gamma \operatorname{tang} c'\gamma a' = d' \operatorname{tang} \delta$, und:

2) $d\ tang\ \gamma c l = d'\ tang\ \gamma c' l$, oder: $d\ tang\ \lambda = d'\ tang\ \lambda'$.

Hiernach ist auch:

$$\mathfrak{H} = J\ tang\ \lambda'^2\ cos\ \lambda^2.$$

1) In dem besonderen Falle, wo das Object sehr weit von der Linse entfernt ist, darf man die Linien al und al' als parallel betrachten. Alsdann ist $lb - la = al' - al = ll' \cdot sin\ c\gamma a = 2\varrho\ sin\ \delta$, wenn ϱ der Halbmesser der Apertur ist. Wir haben also hier:

$$H = J\ sin\ \delta^2 \cdot \frac{\varrho^2}{r'^2}.$$

Nun ist aber: $\varrho : r' = tang\ \gamma c' l : tang\ c' \gamma b' = tang\ \lambda' : tang\ \delta$, mithin:

$$H = J \cdot tang\ \lambda'^2\ cos\ \delta^2.$$

Bei weit abstehendem Objecte ist also die mittlere Helligkeit des Bildes dem Quadrate des Cosinus des scheinbaren Halbmessers des Objectes, sowie dem Quadrate der Tangente des scheinbaren Halbmessers der Linsenöffnung, vom Bilde aus gesehen, proportional. Die mittlere Helligkeit des Bildes nimmt also hier gerade wie die Oeffnung der Linse zu oder ab.

Setzen wir in der gefundenen Formel $\delta = 0$, so erhalten wir für die centrale Helligkeit des Bildes:

$$\mathfrak{H} = J\ tang\ \lambda'^2.$$

2) Liegt, um noch einen speciellen Fall zu betrachten, das Object ebensoweit vor der Linse als das Bild hinter derselben, so wird $\lambda = \lambda'$, und somit ist dann die centrale Helligkeit:

$$\mathfrak{H} = J\ sin\ \lambda^2.$$

Und fängt man das Bild mit einer Ebene auf, so ist die Helligkeit der letzteren im Mittelpunkte des Bildes:

$$\mathfrak{H}' = \mu J\ sin\ \lambda^2.$$

Denselben Ausdruck erhält man aber für die Helligkeit jener Ebene im Punkte c', wenn man unterstellt, dass sie von der Apertur ll', die mit der Leuchtkraft J begabt sei, erleuchtet werde. Stehen also Object und Bild gleichweit von der Linse ab, so wird eine Ebene, die das Bild auffängt, in der Mitte des letzteren ebenso stark erleuchtet, wie wenn sie der Strahlung eines Stückes des Objectes, das die Oeffnung der (entfernt gedachten) Linse ausfüllt, ausgesetzt würde.

Da die optischen Gläser, deren wir uns bedienen, immer

mehr oder minder undurchsichtig sind und auch das die Linse durchstrahlende Licht durch seine Brechungen an den Flächen der Linse geschwächt wird, so wird die in einem gewissen Falle erhaltene Helligkeit des Bildes hinter der berechneten zurückbleiben, und um aus dieser jene zu erhalten, müssen wir sie mit einem ächten Bruche, den wir den Schwächungscoëfficienten nennen wollen, multipliciren. Statt diesen aus anderen Daten zu berechnen, wird es immer am Einfachsten sein, ihn durch Versuche direct zu bestimmen. Ist sein Werth für eine gegebene Linse $\varkappa$, so ist, wenn das Object sehr weit entfernt ist, die mittlere und centrale Helligkeit des Bildes:

$$H = \varkappa\, J\, tang\, \lambda'^2 \cos \delta, \quad \mathfrak{H} = \varkappa J\, tang\, \lambda'^2.$$

Es kann der Fall eintreten, dass die Durchsichtigkeit, der Brechungsquotient, die Krümmung der Linse in einem Verhältnisse zu einander stehen, welches die Gleichheit von $\varkappa$ und $\cos \lambda'^2$ bedingt. Alsdann wird aber $\mathfrak{H} = J \sin \lambda'^2$, und die centrale Erleuchtung des Bildes ist dieselbe, als ob das Object entfernt wäre und die Linse, soweit sie von der Fassung frei gelassen ist, mit der Leuchtkraft des Objectes begabt wäre. Die Erleuchtung (und Erwärmung) in dem Focus eines Brennglases ist also z. B. dieselbe, wie wenn wir an die Stelle des Glases ein ebenso grosses Stück der Sonne setzten.

Entfernen wir in dem Falle, wo das Object sehr fern ist, die Linse, so wird eine an die Stelle des Bildes gebrachte Ebene von dem Objecte direct erleuchtet. Die dieser directen Erleuchtung entsprechende Helligkeit der Ebene im Punkte c' drückt sich aus durch:

$$h = \mu J \,.\, \sin c\, c'\, a^2,$$

oder, da bei der grossen Entfernung des Objectes $c c' a$ nahe gleich δ ist:

$$h = \mu J \,.\, \sin \delta^2.$$

Andererseits ist aber die mittlere Helligkeit des von der Linse auf jener Ebene erzeugten Bildes:

$$H' = \mu J\, tang\, \lambda'^2 \cos \delta^2.$$

Zwischen der directen Erleuchtung und der Erleuchtung bei zwischengeschobener Linse besteht also die durch folgende Proportion ausgedrückte Beziehung:

$$h : H' = tang\, \delta^2 : tang\, \lambda'^2.$$

Nehmen wir aber Rücksicht auf die Schwächung des Lichtes durch die Linse, so kommt:

$$H' = \varkappa \mu J \, tang \, \lambda'^2 \cos \delta^2, \text{ und:}$$

$$h : H' = tang \, \delta^2 : \varkappa \, tang \, \lambda'^2.$$

Durch Erweiterung der Apertur wächst die mittlere Helligkeit, sie nimmt ab, wenn jene verengert wird. Man kann somit wenigstens innerhalb gewisser Grenzen (wenn nämlich $\frac{tang\,\delta}{\varkappa}$ nicht allzu gross ist) es erreichen, dass die directe Erleuchtung der durch die Linse vermittelten gleich werde. Alsdann hat man:

$$\varkappa = \frac{tang \, \delta^2}{tang \, \lambda'^2},$$

wofür auch noch gesetzt werden kann:

$$\varkappa = \frac{r'^2}{\varrho^2}.$$

Hierin ist uns ein Mittel geboten, den Schwächungscoëfficienten $\varkappa$ einer Linse zu bestimmen. Wie hierbei zu verfahren, ersehen wir aus dem Folgenden, wo eine solche Bestimmung beschrieben wird, die Lambert an einer Linse, deren er sich oft bediente, vornahm.

Lambert liess das Licht des mit weissen Wolken gleichförmig überzogenen Himmels durch ein Fenster in eine dunkle Kammer eindringen und auf ein Papierblatt auffallen. Er erzeugte auf letzterem aber auch durch eine zwischengeschobene Linse ein deutliches Bild des Himmels. An der Stelle des Bildes zeigte sich eine grössere Helligkeit als auf dem übrigen Papiere. Lambert verminderte diese Helligkeit, indem er die kreisförmige Oeffnung der Linse theilweise durch eine undurchsichtige Platte bedeckte, so dass nur ein Kreisabschnitt übrig blieb, bis die Helligkeit des Bildes der des übrigen Papieres gleichkam. Hierauf wurde die Entfernung der Linse von dem Papiere und die des letzteren vom Fenster, endlich der Inhalt des Fensters und der des von der Apertur freigebliebenen Stückes bestimmt. Ohne einen grossen Fehler zu begehen, darf man annehmen, dass sich die Sachen bei diesem Versuche so verhalten, als ob das Object aus dem von der Linse aus durch die Fensteröffnung sichtbaren Himmelstheile bestände. Ferner darf angenommen werden, dass keine merkliche Aenderung eintreten würde, wenn die Fensteröffnung durch einen Kreis ersetzt würde, der mit jener gleichen Inhalt hat, und dessen Centrum auf der Axe der Linse liegt, und wenn ausserdem die Linse eine kreisförmige Apertur hätte, deren Inhalt derselbe wie der des freigebliebenen Kreisabschnittes ist. Von dem letzteren Umstande überzeugte sich Lambert durch einen directen Versuch. Es ergab sich aber für den Radius des an die Stelle der Fensteröffnung zu setzenden Kreises, den rhein. Fuss zur Einheit genommen, 2,295, für den Radius des an die Stelle der Apertur zu setzenden Kreises 0,071. Ferner betrug die Entfernung des Schirmes vom Fenster 19,833 und die von der Linse 0,521. Für den scheinbaren Halbmesser δ des von der Linse aus gesehenen Objectes haben wir also:

$$tang\ \delta = \frac{2{,}295}{19{,}833 - 0{,}521} = \frac{2{,}295}{19{,}312},$$

und für den scheinbaren Halbmesser λ' der von der Mitte des Bildes aus betrachteten Apertur:

$$tang\ \lambda' = \frac{0{,}071}{0{,}521}.$$

Aus diesen Tangenten findet man aber mittelst der Formel auf vorhergehender Seite annäherungsweise für die dem Versuche unterworfene Linse $\varkappa = \frac{5}{6}$.

Wir überlassen es dem Leser, die obigen Betrachtungen für den Fall aufzunehmen, wo die von dem Lichte der Linse getroffene Ebene nicht an der Stelle des Bildes sich findet, ferner die Betrachtung von anderen als biconvexen Linsen. Auch der Erörterung der photometrischen Verhältnisse von sphärisch gekrümmten Spiegeln mit kleiner Oeffnung überheben wir uns hier, da sie der einer Linse ganz analog ist, und somit der Gang der anzustellenden Untersuchungen schon im Vorhergehenden angedeutet ist.

Dahingegen wird es hier am Orte sein, einige auch jetzt noch interessante Versuche von Lambert einzureihen, die sich auf die Gesetze über die Helligkeit dioptrischer Bilder stützen.

Bestimmung des Erleuchtungscoëfficienten einer Fläche.

In der Fig. 32 sei B eine Ebene, deren Erleuchtungscoëfficient für eine bestimmte Lichtart gesucht werde. In F werde eine intensive Flamme aufgepflanzt, deren Strahlen die Ebene B nahe senkrecht treffen. Man stelle ferner mittelst der biconvexen

Fig. 31.

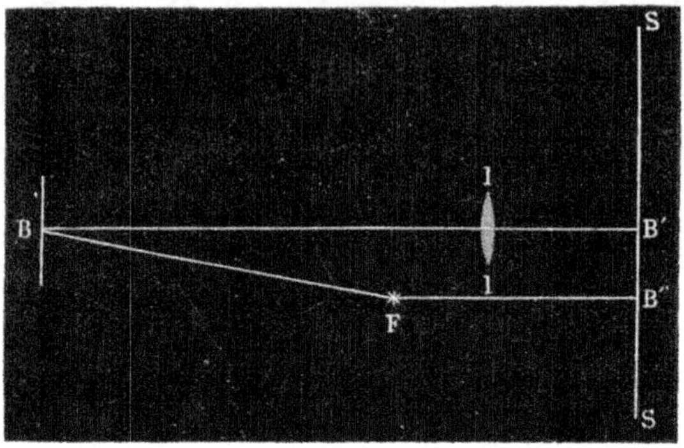

Linse ll auf dem Schirme SS, dessen Oberfläche mit der von B gleiche Beschaffenheit habe, in B' ein Bild von B her. Indem man die Entfernung FB'' verändert, wird man offenbar dahin gelangen müssen, in B' und B'' auf SS dieslebe Helligkeit zu erlangen, wenn man den Schirm durch ein blos rothes Licht durchlassendes Glas betrachtet. Zunächst wollen wir uns fragen, welche Beziehung alsdann zwischen allen hier zur Sprache kommenden Grössen in diesem Falle stattfinde. Für F wollen wir uns eine ebenso stark leuchtende Kugelfläche vom Radius ϱ gesetzt denken; die Entfernung FB sei D und die Entfernung FB'' heisse D'. Ferner bedeute J die Leuchtkraft von F für rothes Licht und μ, μ' die Erleuchtungscoëfficienten der Ebenen B und SS für dieselbe Lichtquantität. Das Flächenelement df' in B erlangt alsdann von rothem Lichte die Quantität:

$$q = J\,df' \cdot \frac{\varrho^2}{D^2}\,\pi,$$

die Leuchtkraft des Elementes ist mithin:

$$i = \mu J \cdot \frac{\varrho^2}{D^2}.$$

Hiernach ist, unter $\varkappa$ den Schwächungscoëfficienten der Linse, unter λ und λ' ihren scheinbaren Halbmesser für B und B' verstanden, die centrale Helligkeit des Bildes B' für rothes Licht:

$$1)\quad H' = \varkappa\mu\,\frac{\mu' J \varrho^2 \cos\lambda^2 \tang\lambda'^2}{D^2}.$$

Die Helligkeit im Punkte B'', der von F direct sein Licht empfängt, ist ferner:

$$2)\ H'' = \mu' J \cdot \frac{\varrho^2}{D'^2}.$$

Da nun H' und H'' durch Verschiebung der Lichtquelle F gleich gemacht sind, so hat man aus 1) und 2):

$$\mu = \frac{1}{\varkappa} \cdot \frac{1}{cos\ \lambda^2} \cdot \frac{1}{tang\ \lambda'^2} \cdot \frac{D^2}{D'^2}.$$

Hierfür kann man aber auch setzen, wenn der Winkel λ nur klein ist, und wenn α den Halbmesser der Apertur, d die Entfernung der Linse vom Schirme bedeutet:

$$\mu = \frac{1}{\varkappa} \cdot \frac{d^2}{\alpha^2} \cdot \frac{D^2}{D'^2}.$$

Und so erhalten wir den Erleuchtungscoëfficienten der Ebene B für rothes Licht in die Grössen $\varkappa$, d, α, D und D' ausgedrückt, von denen die erste nach dem auf S. 79 angegebenen Verfahren zu bestimmen, die übrigen direct zu messen sind.

Das Obige überträgt sich ohne Weiteres auf den Fall, wo wir den Schirm mit blossem Auge betrachten, sobald dann nur die Ebene B weiss ist, d. h. jede Farbe in gleichem Maasse schwächt. Dahingegen gestalten sich die Sachen anders, sobald B gefärbt, und zwar, was immer der Fall sein wird, nicht homogen gefärbt ist. Die von Lambert für solche Fälle angestellten Versuche haben für den jetzigen Standpunkt der Optik gar keine Bedeutung, dahingegen ist denjenigen, bei welchen sich in B weiss gefärbte Körper befanden, immer noch ein gewisses Interesse nicht abzusprechen, zumal da sie die einzigen auf diesen Gegenstand bezüglichen sind, welche uns vorliegen; wir theilen sie daher hier mit.

1) Für ein Buch sehr weisses Papier, das in B angebracht wurde, ergab sich aus 11 gut übereinstimmenden Versuchen für den Erleuchtungscoëfficienten der mittlere Werth:

$$\mu = 0{,}4102.$$

2) Für ein Papierblatt der eben erwähnten Art, das auf einen schwarzen Grund befestigt wurde, ergab sich:

$$\mu = \frac{2}{13}.$$

3) Für das dicke und fast ganz undurchsichtige Königspapier ist:

$$\mu = 0{,}4.$$

4) Für Cremser Weiss, das auf Königspapier in solcher Dicke aufgetragen wurde, dass es vollkommen undurchsichtig erschien, war, wie sich aus 7 Bestimmungen ergab:

$$\mu = 0{,}4230.$$

5) Bringt man in dem oben beschriebenen Versuche zwischen der Kerze und Linse eine durchscheinende Platte an und verfährt übrigens wie angegeben, so liefert der Ausdruck für μ, wie man leicht einsieht, den Transparenzcoëfficienten der Platte. Für ein Blatt des unter 1) und 2) erwähnten Papieres fand Lambert für denselben den Werth $\frac{1}{9}$. Auch der Absorptionscoëfficient liesse sich auf diese Weise bestimmen

Dioptrische Versuche über die Grundsätze der Photometrie.

So oft wir eine aus der Theorie gezogene Folgerung durch den Versuch bestätigt sehen, haben wir einen Grund mehr, die Richtigkeit jener zu behaupten, und insofern dienen die folgenden von Lambert sinnreich ausgedachten Experimente zur weiteren Bestätigung der Grundsätze, auf welche sich der ganze photometrische Calcül aufbaut.

Abhängigkeit zwischen Erleuchtung und Distanz der Lichtquelle.

Sind A und B, Fig. 33, zwei gleich weisse Ebenen, die der Strahlung der Kerzenflamme S nahezu senkrecht ausgesetzt werden, so ist die Leuchtkraft in A und B bezüglich:

$$\alpha = \frac{\mu J r^2}{AS^2} \text{ und } \beta = \frac{\mu J r^2}{BS^2},$$

Fig. 32.

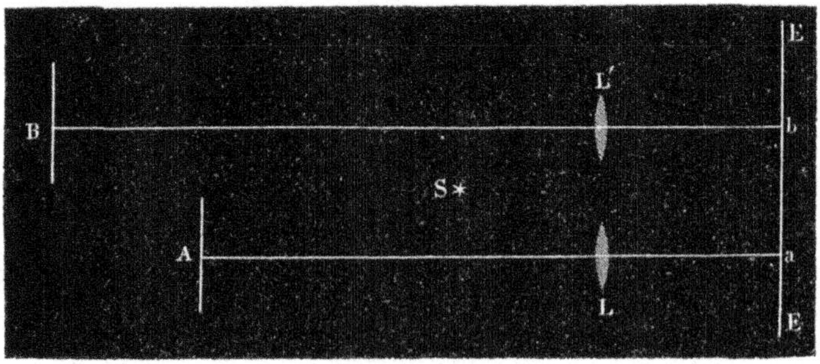

wenn μ den Erleuchtungscoëfficienten der Ebenen, J die Leuchtkraft und r den Radius einer Kugel bedeutet, die an die Stelle von S gesetzt denselben Effect hervorbringt. Erzeugen wir nun durch die gleichen Linsen L und L', deren Axen die Punkte A und B treffen, auf dem Schirme EE mit dem Erleuchtungscoëfficienten μ' zwei Bilder a und b der Ebenen A und B, und sind ll, $l'l'$ die Aperturen und $\varkappa$ der Schwächungscoëfficient der Linsen, so ist die Helligkeit der Bilder in a und b:

$$\alpha' = \frac{\varkappa \mu \mu' J r^2 \cdot tang\, a o l^2}{AS^2}, \quad \beta' = \frac{\varkappa \mu \mu' J r^2\, tang\, b o l'^2}{BS^2}.$$

Die Helligkeit in a wird die in b übertreffen. Verengern wir daher die Apertur von L bis zu einer gewissen Grösse $\lambda\lambda$, so wird die Helligkeit in a dieselbe wie die in b. Alsdann haben wir also:

$$\alpha' = \frac{\varkappa \mu \mu' J r^2\, tang\, a o \lambda^2}{AS^2} = \beta' = \frac{\varkappa \mu \mu' J r^2\, tang\, b o l'^2}{BS^2}.$$

Hieraus ergibt sich, da man $\frac{tang\, a o \lambda}{tang\, b o l'} = \frac{o\lambda}{o l'}$ hat:

$$\frac{o\lambda}{o l'} = \frac{AS}{BS},$$

d. h. die Aperturen verhalten sich wie die entsprechenden Entfernungen der erleuchteten Ebenen von der Lichtquelle. Und diese Beziehung hat Lambert wirklich durch den Versuch bestätigt gefunden.

Abhängigkeit zwischen Erleuchtung und Incidenzwinkel

Sind A und B, Fig. 34, zwei gleich weisse Ebenen, von denen jene unter dem Incidenzwinkel i, diese senkrecht von den

Fig. 33.

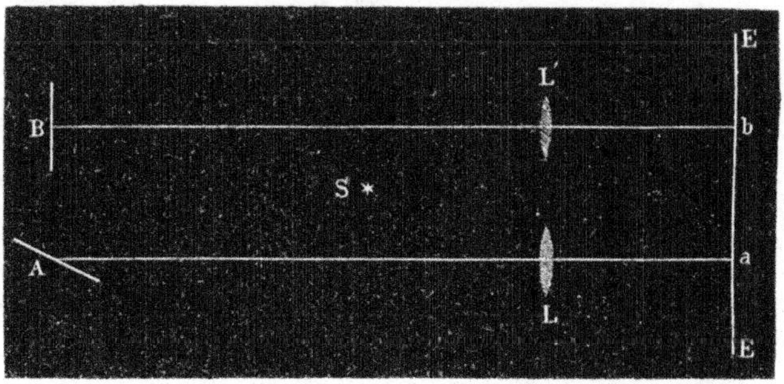

der Lichtquelle S entströmenden Strahlen in gleicher Entfernung getroffen werden, so wird die centrale Helligkeit des von A mit-

Fig. 34.

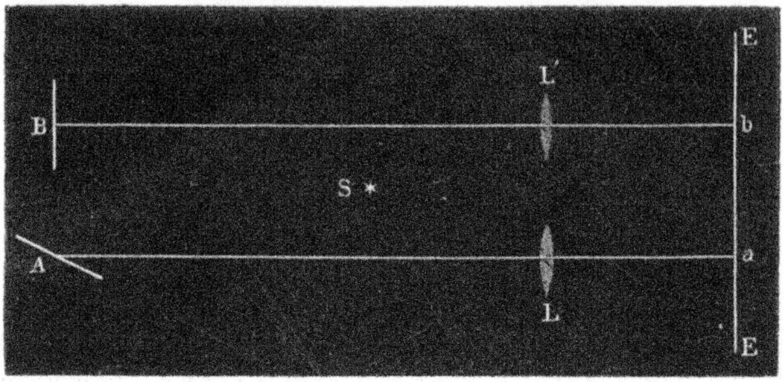

telst der Linse L auf dem Schirme EE erzeugten Bildes geringer sein als die Helligkeit des Bildes b, welches eine zweite gleiche Linse L' von B erzeugt. Durch Verengerung der Apertur von L' können wir jedoch bewirken, dass in a und b gleiche Helligkeit zum Vorscheine kommt; es trete dies ein bei der Apertur $\lambda\lambda$. Alsdann ist, wenn wir die beim vorigen Versuche angenommene Bezeichnung beibehalten, die Leuchtkraft in A und B:

$$\alpha = \frac{\mu J r^2}{AS^2}, \quad \beta = \frac{\mu J r^2 \cos i}{BS^2}.$$

Und die Helligkeiten in a und b sind:

$$\alpha' = \frac{\varkappa \mu \mu' J r^2 \tang a o l^2}{AS^2}, \quad \beta' = \frac{\varkappa \mu \mu' J r^2 \cos i \tang b o \lambda^2}{BS^2}.$$

Wir haben also, da $\alpha' = \beta'$, $AS = BS$ und $\frac{\tang a o l}{\tang b o \lambda} = \frac{o l}{o \lambda}$ ist:

$$\cos i = \left(\frac{o\lambda}{ol}\right)^2.$$

In Uebereinstimmung hiermit fand Lambert in einem Versuche, wo $i = 60^0$ war, für das Verhältniss der Aperturen oder das Verhältniss $\left(\frac{o\lambda}{ol}\right)^2$ die Zahl $\frac{1}{2}$; es ist aber auch $\cos 60^0 = \frac{1}{2}$.

Einfluss des Emanationswinkels auf die Erleuchtung.

Erzeugen wir vermittelst der Linse L, Fig. 36, zwei Bilder a und b von den beiden gleich weissen Ebenen A und B, die in gleichen Entfernungen von den Strahlen der Flamme S senkrecht getroffen werden, so erscheint die Mitte der Bilder gleich hell, wenn auch die von A her auf die Linse fallenden Strahlen nicht wie aus B senkrecht, sondern schief ausströmen.

Fig. 35.

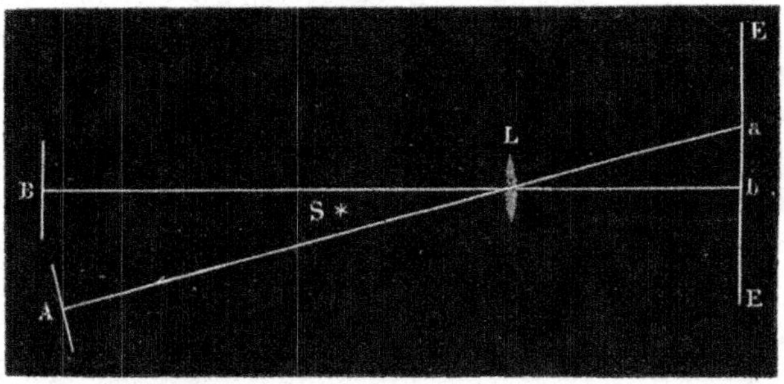

Für die kleine Ebene A kann also, ohne dass eine Störung im Effecte eintritt, an derselben Stelle eine zweite ebenso stark leuchtende gesetzt werden, die zur Richtung AL der Strahlung senkrecht steht, und von L aus gesehen die Ebene A gerade deckt.

II. Von der Absorption des Lichtes.

In allen unseren Betrachtungen sahen wir bisher von der Schwächung ab, welche das Licht durch die Absorption des Mittels, in dem es sich fortpflanzt, erleidet. Dies ist auch, ohne dass bedeutende Fehler zu befürchten wären, immer gestattet, wenn es sich um ein Lichtphänomen in der Luft handelt, bei dem nur geringe Distanzen zur Sprache kommen. Einen erheblichen Einfluss auf den Endeffect wird jedoch schon die Absorption der so durchsichtigen Luft ausüben bei der Erleuchtung eines auf der Erdoberfläche befindlichen Punktes durch eine ausserhalb der Atmosphäre gelegene Lichtquelle, z. B. durch einen Himmelskörper. Die genaue Ausmittelung des Einflusses, welchen die Absorption der Atmosphäre auf die Erleuchtung durch einen Himmelskörper ausübt, würde ebenso wie die Berücksichtigung der Refraction einen äusserst weitschweifigen Calcül erheischen. Wir begnügen uns daher mit einer freilich allen Forderungen entsprechenden Annäherung, indem wir annehmen, dass jeder von der Sonne z. B. auf einen Punkt der Erde gelangende Strahl in gleicher Weise geschwächt wird, so dass also der Ausdruck für die Erleuchtung, wie wir ihn im Obigen abgeleitet haben, jedesmal nur mit einem gewissen Schwächungscoëfficienten zu multipliciren ist. Ferner werden wir auch nur solche Fälle betrachten, wo die Refraction ausser Acht gelassen und der Weg eines Strahles als geradlinig angesehen werden kann, und endlich noch denken wir uns, dass es sich zunächst nur um homogenes Licht handle, von dem übrigens dann leicht auf ein Lichtgemenge übergegangen werden kann.

Die einfachste Annahme, die sich über die absorbirende Wirkung eines homogenen Mittels machen lässt, ist die, dass ein in demselben fortgepflanzter Lichtstrahl beim Durchstrahlen einer unendlich dünnen Schicht von der bestimmten Dicke ds immer einen gleichen Theil der Intensität, welche er beim Eindringen in die Schicht besitzt, verliere. Es bewege sich also ein Strahl in einem nicht durchsichtigen Mittel von P bis P'. In dem Punkte p, dessen Entfernung von P s sei, besitze er die Intensität i_s, in dem Punkte p', der von P um $s + ds$ abliege, hat er dann die Intensität $i_{s+ds} = \lambda i_s$, wenn $1 - \lambda$ den Bruchtheil angibt, den der Strahl bei seiner Bewegung durch eine Schicht von der Dicke ds an Intensität verliert. Und jene Beziehung besteht, welches auch die Entfernung des Punktes P von p sei; wir leiten aus ihr weiter ab:

$$di = -(1 - \lambda)\, i_s.$$

Nun ist aber $1 - \lambda$ unendlich klein, wir können daher, unter ν eine positive Constante verstanden, setzen:

$$\frac{di}{i} = -\nu ds.$$

Die Integration dieser Gleichung liefert:

$$i = const \cdot e^{-\nu s}.$$

Bedeutet nun J die Intensität des Strahles im Punkte P, für welchen $s = 0$ ist, so hat man:

$$1)\ i = J \cdot e^{-\nu s},$$

wofür man auch noch setzen kann:

$$2)\ i = c^s \cdot J.$$

Wir wollen die in der Formel 1) vorkommende Zahl ν den **Extinctionscoëfficienten der Intensität in Bezug auf den Raum**, die in 2) vorkommende Zahl c den **Absorptions-**

coëfficienten der Intensität*) nennen. Sie stehen in der Relation:

$$-\nu = \log c.$$

Den Formeln 1) und 2) zufolge verhält sich die Intensität eines Lichtstrahles, der sich in einem nicht durchsichtigen Mittel fortpflanzt, zu seiner ursprünglichen Intensität, wie die Potenz, deren Dignand eine für das Mittel und die Farbe bestimmte Bruchzahl und deren Exponent der durchlaufene Weg ist, zur Einheit.

Die Bruchzahl c, der Absorptionscoëfficient, ändert sich von Mittel zu Mittel und von Farbe zu Farbe, und diese Variation ist es, welche die Färbung der Mittel im durchgehenden Lichte bedingt. In den krystallinischen Körpern ist er ausserdem von der Richtung und Polarisation des Strahles abhängig. Auch die Temperatur beeinflusst seinen Werth, wie dies auch mit dem Erleuchtungscoëfficienten der Fall ist**). Von dem Absorptionscoëfficienten besitzen wir ziemlich zahlreiche relative und absolute Bestimmungen für amorphe und krystallinische Körper.

Betrachten wir jetzt die Absorption in einer Platte, die aus parallelen Schichten besteht, welche genau oder sehr nahe gleiche optische Dichtigkeit besitzen, deren Absorptionskraft aber nach einem bestimmten Gesetze von der oberen Fläche der Platte bis zur unteren variirt. Durch die Platte pflanze sich ein Lichtstrahl fort, der von dem Punkte P, Fig. 37, der ersten Fläche ausgeht, hier die Intensität J besitzt und mit der Normale der Platte den Winkel φ

Fig. 36.

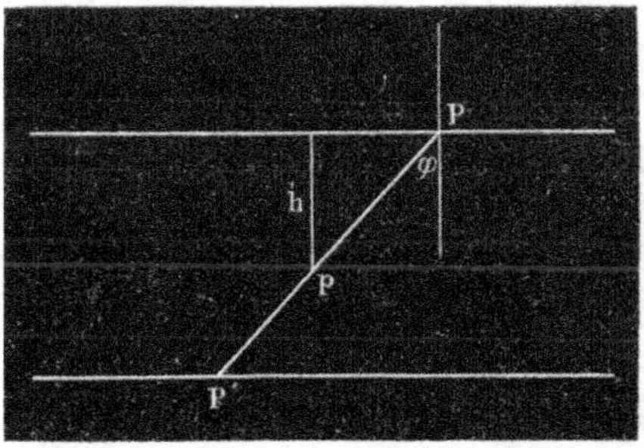

*) Diese beiden Zahlen sind wohl zu unterscheiden von den entsprechenden Coëfficienten ν' und c' für die Amplitude, welche in der Undulationstheorie in Gebrauch kommen. Es ist nämlich $\nu = 2\nu'$ und $c = c'^2$.

**) Eine Lösung von Eisenchlorid z. B. dunkelt, wenn sie erwärmt wird Mennige und Quecksilberoxyd wandeln bei der Erwärmung ihre rothe Färbe in die schwarze um.

einschliesst. In dem Punkte p, der von der ersten Fläche um h entfernt ist, sei die Intensität des Strahles i_h und der Absorptionscoëfficient c_h. Alsdann ist die Intensität in dem Punkte p', der um dh tiefer liegt, da die durchlaufene Schicht die Dicke $\frac{dh}{\cos\varphi}$ hat:

$$i_{h+dh} = c_h^{\frac{dh}{\cos\varphi}} \cdot i_h.$$

Hieraus folgt:

$$\log i = \frac{1}{\cos\varphi} \int \log c_h \, dh + const = -\frac{1}{\cos\varphi} \int \nu_h \, dh + const.$$

Da nun aber für $h = 0$ die Intensität i in J übergeht, so ist:

$$\log i = \frac{1}{\cos\varphi} \int_0^h \nu_h \, dh + \log J,$$

oder:

$$\log \frac{i}{J} = \frac{1}{\cos\varphi} \int_0^h \nu_h \, dh.$$

Mittelst dieser Formel sind wir im Stande, die Absorption durch einen beliebigen Schichtencomplex der Platte zu berechnen, sobald wir nur die Function ν_h oder das Gesetz kennen, nach welchem die Absorptionskraft mit der Tiefe sich ändert.

Auch die Schichten unserer Atmosphäre besitzen eine verschiedene Absorptionskraft je nach ihrer Höhe, die noch obendrein beständig und innerhalb sehr weiter Grenzen wechselt. Enger sind diese Grenzen für den Fall eines heiteren Himmels. Wir wollen hier die Absorption durch die Atmosphäre in der Unterstellung mit der Rechnung verfolgen, dass ihre Absorptionskraft nach einem regelmässigen Gesetze von einer der Erde concentrischen Schicht zur anderen variire. AA, Fig. 38, sei die obere Grenze der Luft, $A'A'$ die

Fig. 37.

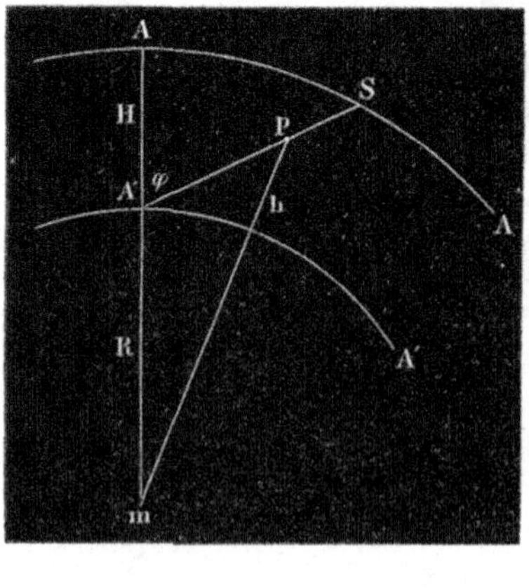

untere, ihre Höhe sei H. Ferner sei m der Mittelpunkt, R der Radius der Erde. Auf A' treffe der Strahl SA', dessen Weg als geradlinig angesehen werden kann, sobald seine Zenithdistanz $SA'A = \varphi$ einem Rechten nicht zu nahe kommt. Die Intensität des Strahles in S sei J, diese falle, nachdem er bis zum Punkte p in die Höhe h gelangt ist, auf i_h. In dem Punkte p sei der Extinctionscoëfficient ν_h. Alsdann ist, wie man leicht findet:

$$i_{h-\mathrm{d}h} = e^{-\nu_h \cdot \mathrm{d}s}\, i_h,$$

wenn s die Entfernung pS bedeutet. Hieraus folgt:

$$\log i = \int \nu_h \,\mathrm{d}s + const.$$

Da aber die Intensität des Strahles in B durch J bezeichnet wurde, so ist:

$$\log \frac{i}{J} = \int_S^s \nu_h \,\mathrm{d}s.$$

Es ist nun aber:

$$(R+h)^2 = R^2 + s^2 + 2Rs \cos\varphi,$$

also:

$$s + R\cos\varphi = \sqrt{h^2 + 2Rh + R^2 \cos\varphi^2}.$$

Wir setzen:

$$h^2 + 2Rh = z^2,$$

so kommt:

$$s + R\cos\varphi = \sqrt{z^2 + R^2\cos\varphi^2},$$

also:

$$\mathrm{d}s = \frac{z\,\mathrm{d}z}{\sqrt{z^2 + R^2\cos\varphi^2}}.$$

Wir haben ferner für $s = S$ $z = \sqrt{S^2 + 2RS} = Z$; folglich ist:

$$\log \frac{i}{J} = \int_Z^z \frac{\nu z\,\mathrm{d}z}{\sqrt{z^2 + R^2\cos\varphi^2}}.$$

Die Intensität an der Erde in A', wo z und s verschwinden, sei J', so ist also:

$$\log \frac{J'}{J} = \int_Z^0 \frac{\nu z\,\mathrm{d}z}{\sqrt{z^2 + R^2\cos\varphi^2}}.$$

Hierfür erhalten wir durch die Substitution $(R+h)^2 = z^2 + R^2 = v^2$:

$$\log \frac{J'}{J} = \int_Z^0 \frac{v\,z\,dz}{\sqrt{z^2 \sin\varphi^2 + v^2 \cos\varphi^2}},$$

woraus sich endlich durch Entwicklung des Integranden ergibt:

$$\log \frac{J'}{J} = \frac{1}{\cos\varphi} \int_Z^0 \frac{v\,z\,dz}{v} - \frac{1}{2}\,\frac{\operatorname{tang}\varphi^2}{\cos\varphi} \int_Z^0 \frac{v\,z^3\,dz}{v^3} \text{ etc.}$$

Die in der Reihe vorkommenden Integrale sind für den jedesmaligen Zustand der unbewölkten Atmosphäre constant; bezeichnen wir ihre Werthe mit A, B etc., so ist also:

$$\log \frac{J'}{J} = \frac{1}{\cos\varphi}\,A - \frac{1}{2}\,\frac{\operatorname{tang}\varphi^2}{\cos\varphi}\,B + \text{etc.}$$

Unsere Reihe zieht sich für $\varphi = 0$ auf ihr erstes Glied zurück und convergirt, solange φ innerhalb 0^0 und 80^0 gelegen ist, so stark, dass überhaupt in diesen Fällen mit hinreichender Annäherung der Werth des ersten Gliedes für den der ganzen Reihe gesetzt werden kann; es kommt dies ersichtlich darauf hinaus, anzunehmen, dass die Schichten der Atmosphäre für Zenithdistanzen von der angegebenen Grösse als horizotal angesehen werden dürfen. Dies vorausgesetzt lässt sich aber ersichtlich der Schwächungscoëfficient A für die senkrechte Bestrahlung durch die Atmosphäre hindurch finden, sobald nur für zwei verschiedene Zenithdistanzen eines leuchtenden Himmelskörpers, der Sonne z. B., das Verhältniss der entsprechenden Erleuchtungen einer senkrecht bestrahlten Ebene bekannt ist. Bouguer und Lambert haben auf diese Weise den Schwächungscoëfficienten A für eine unbewölkte Atmosphäre zu bestimmen gesucht. Es fragt sich, ob die Abweichung ihrer Resultate, wie Lambert es zu glauben scheint, lediglich in der Bestimmungsweise ihren Grund hat; auch die Variationen in der Durchsichtigkeit der anscheinend reinen Atmosphäre dürften sehr bedeutend sein. Bouguer fand am Ufer des Meeres, dass bei senkrecht auffallenden Strahlen die Erleuchtung durch die Sonne bei einer Zenithdistanz von 24^0 zu der bei einer Zenithdistanz von 71^0 sich verhalte wie 3 : 2. Bezeichnen wir nun die Intensität eines Strahles an der Grenze der Atmosphäre mit J und auf der Erdoberfläche in den erwähnten Fällen bezüglich mit J' und J'', so haben wir dem Obigen zufolge:

$$log \frac{J'}{J} = \frac{A}{cos\,24^0} \text{ und } log \frac{J''}{J} = \frac{A}{cos\,71^0}.$$

Nun war aber, wie Bouguer fand:

$$log \frac{J'}{J''} = A \left(\frac{1}{cos\,24^0} - \frac{1}{cos\,71^0}\right) = log \frac{2}{3}$$

Hieraus folgt:

$$A = 0{,}8146.$$

Einen viel kleineren Werth, nämlich 0,59 fand Lambert für den atmosphärischen Schwächungscoëfficienten, obgleich er in Chur beobachtete, wo der mittlere Barometerstand nur 26 par. Zoll ist. Die neueren Versuche Seidel's rechtfertigen aber wieder das Bouguer'sche Resultat; sie lieferten nämlich $A =$ 0,78 (München. gel. Anz. Juli 1846). Die letzten Beobachtungen über die Absorption der Atmosphäre hat H. Schlagintweit angestellt und unter anderen in Poggendorff's Annalen, LXXXIV, mitgetheilt. Er bediente sich dabei des Saussure'schen Diaphanometers. Dieses Instrument besteht im Wesentlichen aus zwei schwarzen Scheiben auf weissem Grunde, von denen die eine 1 par. Zoll, die andere 1 par. Fuss im Durchmesser misst. In einem absolut durchsichtigen Mittel müssten sich nun die Entfernungen der Scheiben, wenn dieselben eben dem Auge verschwinden, wie ihre Durchmesser verhalten, d. h. verschwände die kleinere Scheibe in der Entfernung 1, so müsste die grössere in der Entfernung 12 verschwinden. In der Luft aber erweist sich jenes Verhältniss kleiner, und zwar um so kleiner, je undurchsichtiger die Luft. So fand Schlagintweit an einem sehr heiteren Tage am Grossglockner für verschiedene Höhen die hier zusammengestellten Verhältnisszahlen.

	Höhe.	Verhältnisszahl.
1.	12000	11,957
2.	11000	11,892
3.	10300	11,943
4.	7600	11,773
5.	2300	10,279

Bei dem ersten Versuche betrug am Gipfel des Berges der Barometerstand 479^{mm}, auf 0^0 reducirt. Aus den obigen Zahlen lässt sich der Absorptionscoëfficient der Luft nicht ableiten. In einer Note macht aber Schlagintweit die Bemerkung, dass bei seinen Versuchen die Entfernung des Beobachters von der kleinen Scheibe zwischen 203 und 230 par. F. und die von der grossen Scheibe zwischen 2200 und 2750 F. variirt habe. Die Zahlen 230 und 2750 scheinen, der Tabelle gemäss, zu einander zu gehören; ein Gleiches dürfen wir wohl auch von den Zahlen 203 und 2200 annehmen. Alsdann aber sind wir im Stande, den Absorptionscoëfficienten der Luft, wenigstens annäherungsweise und für die Grenzen der Versuchsreihe, d. h. für die Höhen 2300 und 12000 zu berechnen. Man sieht nämlich leicht ein, dass sich dieselben Entfernungen der Scheiben ergeben würden, wenn diese, statt schwarz auf weissem Grunde, weiss auf schwarzem Grunde wären. In diesem Falle drückt sich aber die Lichtquantität, welche von der grösseren Scheibe auf die Pupille trifft, aus durch:

$$Q = \pi \cdot p \cdot J \cdot c^E \cdot \sin S^2,$$

wenn p die Area der Pupille, J die Leuchtkraft der Scheibe, E ihre Entfernung, S ihren scheinbaren Halbmesser und c den Absorptionscoëfficienten der Luft für die Einheit der Distanz bedeutet. Bezeichnen wir aber ferner die Lichtquantität, den scheinbaren Halbmesser und die Entfernung der kleineren Scheibe bezüglich durch q, s und e, so ist, da die Erleuchtung der Scheiben und somit auch ihre Leuchtkraft gleich ist, und von der mehr durch die Umgebung bedingten Variation der Pupille abgesehen werden kann:

$$q = \pi \cdot p \cdot J \cdot c^e \cdot \sin s^2.$$

Werden nun die Scheiben so gestellt, dass sie sich nicht mehr von ihrer Umgebung abheben, so ist $Q = q$ zu setzen, und wir haben demzufolge:

$$c^E \cdot \sin S^2 = c^e \cdot \sin s^2.$$

Hierfür kann, wenn D und d die Diameter der Scheiben sind, gesetzt werden:

$$c^E \cdot \frac{D^2}{E^2} = c^e \cdot \frac{d^2}{e^2},$$

oder:

$$e^{E-e} = \frac{d^2 E^2}{D^2 e^2},$$

woraus sich ergibt:

$$\log c = \frac{2}{E - e} (\log E + \log d - \log D - \log e).$$

Für eine Höhe von 2300 F. war nun der mitgetheilten Notiz zufolge, wenn wir 1000 par. F. zur Längeneinheit nehmen, $E = 2{,}2$, $e = 0{,}203$; ausserdem ist $D = 12\,d$. Diese Werthe in unsere Formel gesetzt, ergiebt sich $c = 0{,}9029$. Und ebenso berechnet sich der Absorptionscoëfficient der Luft in einer Höhe von 12000 par. F. und für eine Distanz von 1000 par. F. zu 0,9985.

Wäre uns das Gesetz bekannt, welches den Absorptionscoëfficienten der Luft mit der Erhebung von der Erdoberfläche verknüpft, so könnten wir, auf das Vorhergehende gestützt, die Schwächung des Lichtes beim Durchstrahlen der ganzen Atmosphäre berechnen. Eine gewisse Annäherung an die Wirklichkeit dürfen wir hoffen, wenn wir die Hypothese machen, dass jenes Gesetz sich ausdrücke durch die Formel:

$$c = 1 - m p^h,$$

wo c der Absorptionscoëfficient, h die Erhebung von der Erdoberfläche, m und p constante Grössen sind. Indem wir die Höhen von dem niedrigsten Standpunkte an rechnen, den Schlagintweit bei den beschriebenen Versuchen einnahm, und auch wieder 1000 par. F. zur Einheit nehmen, ist für den ersten der discutirten Versuche: $h = 0$, $c = 0{,}9029$, und für den zweiten: $h = 9{,}7$, $c = 0{,}9985$. Hieraus ergeben sich für die Constanten in unserer Formel die Werthe:

$$m = 0{,}0971, \; p = 0{,}650557.$$

Nun ist aber dem zufolge, was wir S. 90 gesehen haben, der Schwächungscoëfficient der ganzen Atmosphäre:

$$A = \int_0^H \log \cdot (1 - m p^h)\, dh,$$

wo H die Höhe der Atmosphäre bedeutet, die wir hier ohne erheblichen Fehler als unendlich gross annehmen dürfen. Die Entwicklung des Integranden liefert aber:

$$A = -\int_0^\infty dh \left(mp^h + \frac{1}{2}\, m^2 p^{2h} + \frac{1}{3}\, m^3 p^{3h} + \cdots\right)$$

$$= -\frac{1}{log \cdot p} \left(mp^h + \frac{1}{2}\, m^2 p^{2h} + \frac{1}{3}\, m^3 p^{3h} + \cdots\right)_0^\infty$$

Mit grosser Annäherung kann hierfür gesetzt werden:

$$A = \frac{1}{log \cdot p} \left(m + \frac{1}{4}\, m^2 + \frac{1}{9} \quad {}^3\right).$$

Und diese Formel liefert nach der Substitution der gefundenen Werthe von m und p:

$$A = 0{,}587.$$

Merkwürdiger Weise fällt dieser Werth mit dem von Lambert bestimmten (siehe oben) sehr nahe zusammen.

Die stabilen Lichterscheinungen der Atmosphäre (ihre Erleuchtung, Absorptionskraft, Farbe, Polarisation u. s. w. im Gegensatze zu den vorübergehenden Phänomenen des Regenbogens, der Höfe u. s. w.) sind für den Erdbewohner in vielen Beziehungen von der höchsten Bedeutung. Erst in neuerer Zeit sind dieselben einer gründlichen theoretischen Behandlung von Clausius gewürdigt. Wir machen hier, wo wir nur bis zum Gebiete der speciellen neueren Studien gelangen, den weiter Strebenden zunächst auf die Arbeiten jenes Gelehrten aufmerksam.

Viertes Capitel.

Die sichtbare Helligkeit.

I. Von der sichtbaren Helligkeit.

Unser Auge stimmt zwar in seiner Wirkung mit einer Linse überein, gleichwohl dürfen wir die für letztere gefundenen Sätze über die Helligkeit des Bildes nicht ohne Weiteres auf die Helligkeit des Netzhautbildes ausdehnen. Um nämlich die Wirkungen des Lichtes auf jenes sublime Organ innerhalb gewisser Grenzen einzuschränken und so gegen die Gefahr eines einzelnen allzu starken Eindruckes zu schützen und den längeren Gebrauch des Sinnes zu bewahren, hat die Natur die Augenlinse mit einer veränderlichen Apertur, der in der Iris befindlichen Pupille, versehen. Eine kurze Andeutung des anatomischen Baues dieses Apparates dürfte hier an der Stelle sein. Um die Pupille, die centrale kreisförmige Oeffnung der Iris, legt sich ein Ring von feinen Muskelfasern, die nach der Tangentialrichtung verlaufen, also auf den Radien des Augensternes senkrecht stehen; wir wollen diese Fasern die annularen nennen. Ausserdem aber bemerkt man noch einen zweiten Ring von feinen Muskelfasern, der sich an den ersten anschliesst und ihn umgibt; in diesem zweiten Ringe laufen die Fasern nach der Richtung der Radien, weshalb wir sie radial nennen wollen. Durch Contraction der annularen Fasern und Nachlassen der radialen wird die Verengerung und durch Nachlassen der annularen Fasern und Contraction der radialen wird die Erweiterung der Pupille bedingt.

Diese Bewegungen werden aber angeregt zunächst durch die Ciliarnerven. Die Ciliarnerven entspringen aus dem hart am *Nervus opticus* gelegenen *Ganglion ciliare*. Letzteres ist aber der Vereinigungspunkt eines Astes des *Nervus oculomotorius* und des *Nervus nosociliaris*, welcher seinerseits von dem *Nervus trigeminus* ausgeht. Der *Nervus oculomotorius* entspringt wahrscheinlich aus einem Vierhügel, mit welchem auch der *Nervus opticus* zusammenhängt, und der *Nervus trigeminus* durchsetzt das *Ganglion trigemini s. Gasseri*. In dem letzt erwähnten *Ganglion* endlich vereinigt sich mit dem *Nervus trigeminus* der *Nervus sympathicus*, der aus dem Rückenmarke tritt. Was nun die Bedeutung des angegebenen anatomischen Apparates betrifft, so haben Versuche ergeben, dass die Function des *Nervus sympathicus* darin besteht, die Iris zu erweitern, die des *Nervus oculomotorius*, sie zu verengern. Fällt nun ein Lichtstrom durch die Pupille auf die Netzhaut, die Ausbreitung des *Nervus opticus*, so leitet dieser den Eindruck nach den Vierhügeln. Das Centralorgan aber reagirt alsdann sofort durch Vermittelung des *Nervus oculomotorius* und der ihm entsprechenden *Nervi ciliares*; es verengt sich die Pupille, indem die durch den Reiz gesteigerte Wirkung des *Nervus oculomotorius* die Wirkung des *Nervus sympathicus* überwindet. In dem normalen Zustande hat nur das durch die Pupille dringende und den *Nervus opticus* reizende Licht einen Einfluss auf die Bewegung der Irisfasern. Lambert überzeugte sich hiervon durch folgenden Versuch. Er liess auf die Iris mit Hülfe einer Linse das Bild einer Kerzenflamme fallen und beobachtete seine Lage in einem seitlich gehaltenen Spiegel. So lange kein Theil des Bildes die Pupille traf, bewahrte diese ein und dieselbe Grösse. Auf der Stelle aber verengte sie sich, sobald nur die Spitze des Bildes in die Pupille hineinragte. Die unwillkürliche natürliche Variation der Pupille wird somit nur durch solches Licht hervorgebracht, welches die Netzhaut trifft. Ganz andere Verhältnisse treten jedoch ein, wenn der normale Verlauf gestört wird. S. Budge in den *Compt. rend.* Oct. 1852.

Eine Variation der Pupille zeigt sich aber ferner auch noch unter unnatürlichen Verhältnissen. So bringt z. B. ein in das Auge geträufelter Extract von Belladonna oder Hyoscyamos eine Erweiterung der Pupille hervor. Bei Kindern, die von Eingeweidewürmern geplagt werden, nehmen wir eine Vergrösserung der Pupille wahr, die von einem Reize des *Nervus sympathicus* herrühren dürfte.

Auch beobachten wir eine Verengerung der Pupille, wenn wir uns Mühe geben, einen nahen oder fernen Gegenstand deutlich zu sehen. Und endlich ist auch noch einer der Willkür unterworfenen Variation zu gedenken. Dadurch, dass wir eine lebhafte Vorstellung von einem dunkeln oder hellen Gegenstande erzeugen, oder dass wir unter den im Gesichtsfelde befindlichen Gegenständen unsere Aufmerksamkeit einem dunkeln oder einem hellen zuwenden, können wir eine mehr oder minder bedeutende Erweiterung oder Verengerung der Pupille hervorrufen. Wir werden aber hier nur diejenigen Veränderungen der Pupille weiter in Betracht ziehen, welche lediglich unter den natürlichen Umständen der Wirkung des Lichtes zuzuschreiben sind.

Jeder hat wohl schon an sich selbst die Beobachtung gemacht, dass die Apertur der Pupille um so kleiner wird, je grösser der scheinbare Durchmesser und je grösser die Helligkeit des betrachteten Gegenstandes ist. Dies ist sehr begreiflich. Die Apertur der Pupille wird lediglich durch das Bild des Gegenstandes auf der Netzhaut bedingt. Es sei nun ab, Fig. 38,

Fig. 38.

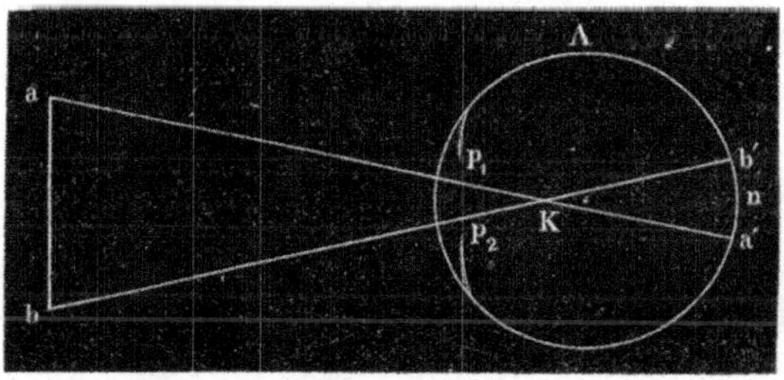

der Gegenstand, p_1 p_2 die Pupille, K der Kreuzungspunkt der Strahlen im Auge, $a'b'$ das Netzhautbild. Bedeutet ferner J die Leuchtkraft des Gegenstandes, δ seinen von der Pupille aus betrachteten scheinbaren Halbmesser, p den Halbmesser der Pupille, d ihre Entfernung vom Bilde, so ist die in das Auge dringende Lichtquantität:

$$q = \frac{1}{4} J\pi^2 (ap_2 - ap_1)^2,$$

oder wenn ab vom Auge entfernt ist:

$$q = J\pi^2 p^2 \sin\delta^2.$$

Der Inhalt des Bildes ist aber $(Kn. \sin\varepsilon)^2\pi$, wenn ε den scheinbare Halbmesser des vom Kreuzungspunkte K betrachteten Objectes bedeutet. Und da sich die Apertur der Pupille nur durch jene Lichtmenge und durch den Inhalt der von ihr getroffenen Netzhautstelle bestimmen kann, so haben wir:

$$p = \text{Function von } J\pi^2 p^2 \sin\delta^2 \text{ und von } (Kn \cdot \sin\varepsilon)^2\pi,$$

oder auch, da δ und ε nahe gleich sind:

$$p = f(J, \delta),$$

wenn f ein Functionszeichen ist.

Da in unserem Falle δ und ε nahe gleich sind, so haben wir also für die mittlere Helligkeit des Netzhautbildes (s. S. 51):

$$H = \frac{J[f(J,\delta)]^2}{(Kn)^2}.$$

Dies ist also der Ausdruck für die Helligkeit, welche wir sehen; wir nennen daher auch letztere die sichtbare Helligkeit des Gegenstandes. Aus dem für sie gefundenen Ausdrucke ziehen wir nun diese Folgerungen:

1) Die Function f nimmt, wie bereits erwähnt, bei wachsendem J an Grösse ab. Die sichtbare Helligkeit eines Gegenstandes ändert sich daher in geringerem Verhältnisse als die Leuchtkraft.

2) Je grösser δ wird, um so kleiner wird der Werth von f. Die sichtbare Helligkeit eines Gegenstandes nimmt folglich ab, während sein scheinbarer Halbmesser wächst. Es müsste somit der Glanz einer leuchtenden Scheibe zunehmen, wenn wir diese vom Auge fortbewegen.

3) Bei der successiven Betrachtung von Gegenständen durch ein Auge sind die sichtbaren Helligkeiten nur dann den Leuchtkräften proportional, wenn die scheinbaren Halbmesser und Intensitäten der Gegenstände in einer solchen Beziehung stehen, dass der Werth von f für beide Objecte derselbe ist. Von zwei gleich stark leuchtenden Scheiben, die sich scheinbar decken, wird die vordere ebenso hell gesehen wie die hintere, wenn jene entfernt wird.

4) Eine richtige Beurtheilung jedoch tritt immer in dem Falle ein, wo mehre, z. B. zwei Objecte gleichzeitig beobachtet werden. Beziehen sich nämlich die einfach accentuirten Buchstaben auf das eine und die doppelt accentuirten auf das andere Object, so wird hier die Oeffnung der Pupille ausgedrückt durch:

$$p = f\,(J' + J'',\ \sin\delta'^2 + \sin\delta''^2),$$

und es wird:

$$H' = \frac{J'p}{(Kn)^2},\ H'' = \frac{J''p}{(Kn)^2},$$

und es verhält sich:

$$H' : H'' = J' : J''.$$

Die Function f, oder die Abhängigkeit der Pupillenöffnung von der Ausbreitung und Stärke des Lichtreizes auf der Netzhaut ist uns so gut wie unbekannt. So viel dürfte jedoch jedenfalls anzunehmen sein, dass die Lichtintensität in anderer Weise in dieselbe eingehe wie die Area des Netzhautbildes. Das einzige Positive, was wir über diesen Gegenstand besitzen, ist eine von Lambert herrührende Bestimmungsreihe. Dieser Gelehrte hat nämlich den Durchmesser seiner Pupille, wie er verschiedenen Entfernungen des Objectes entsprach, gemessen. Er brachte in den Fensterladen einer dunkeln Kammer eine kreisförmige Oeffnung von circa $^1/_3$ Fuss Durchmesser an. Von dieser Oeffnung stellte er sich in verschiedenen Entfernungen hin und betrachtete durch jene das Himmelsgewölbe, ohne das Auge anzustrengen, bis die Pupille den der Intensität des Lichtes und der scheinbaren Grösse der Oeffnung entsprechenden Durchmesser angenommen hatte. Rasch mass er alsdann jedesmal den scheinbaren Durchmesser des Pupillen-Bildes, welches er in einem vorgehaltenen Spiegel erblickte, indem er das Bild auf dem Spiegel selbst zwischen die Spitzen eines Zirkels nahm. Man überzeugt sich durch eine einfache Betrachtung davon, dass die Entfernung der Zirkelspitzen dem halben Durchmesser der Pupille gleich kam. Lambert machte eine grosse Anzahl von Versuchen dieser Art, von denen er noch viele als gar zu sehr abweichend verwarf; namentlich liess er die zu grossen Ergebnisse unberücksichtigt, weil bei dem Messen das Auge angestrengt wurde und der beobachtete Gegenstand dunkel erschien, was eine Erweiterung der Pupille bedingte. So erlangte er die in der folgenden Tabelle zusammengestellten Resultate. Die Werthe der letzten Columne erhielt er, indem er die Variation der Pupille graphisch darstellte und nach der den Versuchen sich am meisten anschliessenden Curve corrigirte. Für den Durchmesser der ganzen Iris fand Lambert 4,70 Linien.

Entfernung des Auges vom Fenster.	Scheinbarer Halbmesser des Objectes.	Beobachteter Durchmesser der Pupille.	Corrigirter Durchmesser der Pupille.
1	8° 36′	1,14‴	1,13‴
2	4 20	1,50	1,44
3	2 53	1,70	1,70
4	2 10	1,89	,93
5	1 44	2,08	2,15
6	1 26,5	2,31	2,36
7	1 14	2,53	2,56
8	1 5	2,78	2,75
9	0 58	2,89	2,93
10	0 52	3,15	3,10

Nicht ohne allgemeines Interesse werden noch die hierher gehörigen folgenden Bemerkungen sein. Betrachten wir einen Gegenstand, einmal mit unbewaffnetem Auge aus der Weite des deutlichen Sehens, hierauf durch eine vorgehaltene Linse oder Brille, so scheint er uns in beiden Fällen in allen seinen Punkten merklich gleich hell, wenigstens, was wir unterstellen wollen, wenn keiner von den Strahlen, die von einem Punkte des Objectes durch die Linse gebrochen in's Auge dringen könnten, durch die allzu kleine Apertur oder zu grosse Entfernung der Linse vom Auge hieran verhindert wird*). Man findet leicht hiervon den Grund. Es sei pp, Fig. 39, die Pupille des Auges A, ll die Linse, ab der Gegenstand, $a'b'$ sein in der Sehweite $a'K$ befindliches Bild. Nehmen wir ein Element des Gegenstandes, z. B. das in der Axe befindliche kreisförmige Element α mit der Intensität i; ihm entspreche im Bilde das Element α', da man denn hat:

$$\alpha' : \alpha = a'c^2 : ac^2.$$

Sind αip die äussersten von α aus in's Auge gelangenden Strahlen, so ist die Quantität des Lichtes, welches von α auf den Raum ii trifft und somit in's Auge gelangt:

*) Dies findet jedoch, wie bemerkt, nur statt, wenn der Gegenstand bei der Betrachtung durch das blosse Auge deutlich gesehen wird. Gleichwohl ist innerhalb gewisser Grenzen der Unterschied in der Helligkeit des netten Bildes und des Zerstreuungsbildes zu unbedeutend, als dass hierauf die „erhellende Kraft der Augengläser“ zurückzuführen wäre. Wenn man von einer solchen sprechen hört, wird allermeist der Begriff der Deutlichkeit mit dem der Helligkeit verwechselt.

$$q = \pi J \alpha \left(\frac{ic}{ia}\right)^2,$$

oder annäherungsweise:

$$q = \pi J \alpha \cdot \frac{ic^2}{a c^2}.$$

Denken wir uns aber andererseits die Linse entfernt und das Bild als Gegenstand, in jedem seiner Punkte mit derjenigen Leucht-

Fig. 39.

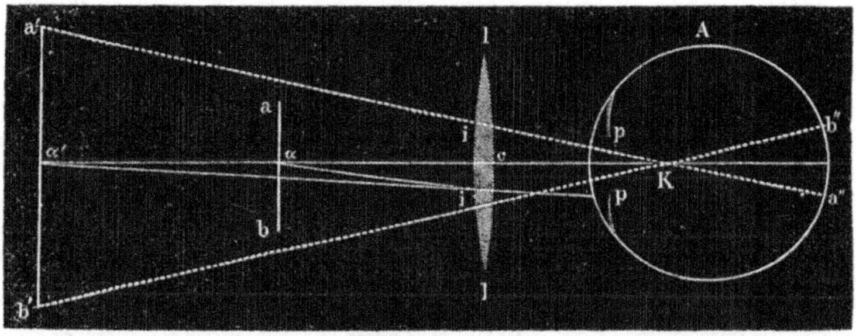

kraft begabt, die sich in dem entsprechenden Punkte des Objectes vorfindet, so schickt das Element α' auf den Raum ii also auch direct in's Auge die Lichtmenge:

$$q' = \pi J \alpha' \cdot \frac{ic^2}{\alpha' c^2}.$$

Hieraus und den beiden schon gefundenen Relationen folgt aber, dass $q = q'$ ist. Wir sehen also den Gegenstand so, als ob er sich im Verhältnisse von ab zu $a'b'$ vergrössert in $a'b'$ in der Weite des deutlichen Sehens befände und in jedem Punkte die dem entsprechenden Punkte eigene Leuchtkraft besässe. Die wirkliche und die scheinbare mittlere Helligkeit des durch die Linse gesehenen Bildes und des Objectes ist dieselbe. Wird in ab überall gleich grosse Leuchtkraft angenommen, so ist klar, dass der durch die Linse gesehene Gegenstand ebenso hell erscheinen muss, wie wenn er sich in $a'b'$ befände und mit unbewaffnetem Auge betrachtet würde, weil nämlich der Unterschied der sichtbaren Helligkeit in dem einen und anderen Falle, wie er durch die verschiedene Grösse des Netzhautbildes bedingt ist, uns entgeht (s. S. 98).

Betrachten wir blos die Elemente α und α' durch ein an die Linse gesetztes Diaphragma mit der Oeffnung ii, so tritt in dem

Obigen keine Veränderung ein. Verkleinert man aber den Inhalt der Oeffnung, so vermindert sich in demselben Verhältnisse die Helligkeit des einmal durch die Linse, dann ohne dieselbe deutlich betrachteten Elementes. Da aber hier, weil jetzt die Pupille noch grösser als pp wird, alle durch's Diaphragma gelangenden Strahlen immer in's Auge gelangen, so bleibt auch die sichtbare Helligkeit des Elementes in beiden Fällen absolut gleich.

Es möge hier auch noch die Frage nach der Helligkeit eines durch ein astronomisches Teleskop gesehenen Bildes Raum finden. Das Object sei ab, Fig. 40, die Objectivlinse Ob mit dem Aperturenradius R, das von ihr erzeugte Bild $a'b'$ und das durch das

Fig. 40.

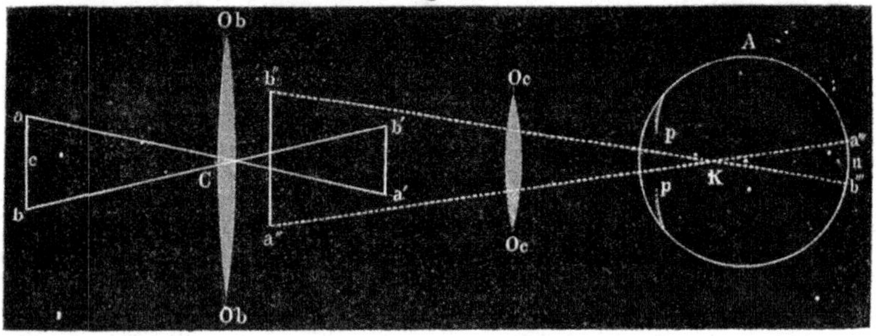

Ocular Oc mit dem Auge A betrachtete Bild des letzteren $a''b''$; dieses liegt in der Entfernung des deutlichen Sehens vor der Pupille pp. Wir wollen nun annehmen, dass alle von dem in a befindlichen Elemente α ausgehenden und auf die Oeffnung des Objectives fallenden Strahlen in's Auge gelangen; dies findet wenigstens in den allermeisten Fällen statt. Unter i die Leuchtkraft des Objectes verstanden, ist dann die von ihm in's Auge gelangende Lichtmenge:

$$q = \frac{i\pi^2 \cdot ab^2 \cdot R^2}{cC^2}.$$

Ist aber K der Kreuzungspunkt der Strahlen im Auge und ϱ der scheinbare Halbmesser des Bildes $a''b''$, d. i. die Hälfte des Winkels $a''Kb''$, so ist $a'''b'''$ das Netzhautbild und $(Kn \cdot tang\,\varrho)^2\pi$ der Inhalt des letzteren. Die mittlere Helligkeit des Netzhautbildes ist also:

$$H = \frac{i \cdot a b^2 \cdot R^2}{c C^2 \cdot Kn^2 \cdot tang\, \varrho^2}.$$

Bedeutet δ den scheinbaren Halbmesser des vom Objective aus gesehenen Objectes und λ den des vom Objecte aus gesehenen Objectives, so schreibt sich der Ausdruck für H wie folgt:

$$H = \frac{i\, tang\, \delta^2 \cdot cos\, \lambda^2 \cdot R^2}{tang\, \varrho^2 \cdot Kn^2}.$$

Handelt es sich um die Betrachtung eines sehr entfernten Objectes, z. B. eines Himmelskörpers, so wird λ verschwinden, und es kommt, wenn wir noch $\left(\frac{tang\, \varrho}{tang\, \delta}\right)^2$, d. i. das Maass der Flächenvergrösserung durch das Fernrohr, mit V bezeichnen, sowie die Apertur des Objectives mit A:

$$H = \frac{i \cdot A}{V \cdot Kn^2}.$$

Die Helligkeit wächst also wie die Grösse der Apertur und ist der Vergrösserung umgekehrt proportional. Die sichtbare Helligkeit des mit blossem Auge betrachteten entfernten Gegenstandes ist, wenn a den Inhalt der Pupille bedeutet, wie er der Intensität und scheinbaren Grösse des Objectes entspricht:

$$H' = \frac{i \cdot a}{Kn^2}.$$

Wir haben also noch für das Verhältniss der mit bewaffnetem und unbewaffnetem Auge wahrgenommenen Helligkeiten:

$$H : H' = A : a\, V.$$

Die im Obigen erörterten Verhältnisse und ähnliche kommen unter Anderem bei dem Gebrauche des Steinheil'schen Photometers in Betracht, dessen sich in neuerer Zeit Seidel mit grossem Erfolge bedient hat.

III. Von der Beurtheilung der sichtbaren Helligkeit.

Das Urtheil unseres Gesichtssinnes über den Grad der Helligkeit zweier der Reihe nach ihm dargebotener Gegenstände darf auf keine sehr grosse Genauigkeit und Sicherheit Anspruch machen. Mit grösserer Zuverlässigkeit aber sind wir im Stande, die Helligkeit zweier Objecte mit einander zu vergleichen, d. h.

das Mehr oder Weniger des einen oder anderen anzugeben, sobald sie sich gleichzeitig der Beobachtung darbieten. Daher müssen wir denn auch die photometrischen Messungen immer so einrichten, dass wir gleichzeitig die Effecte der zu vergleichenden Lichter vor Augen bringen. Es leuchtet ein, dass es hierbei von grosser Bedeutung ist, die Grösse des Fehlers zu kennen, welchen wir bei solchen Vergleichungen begehen können. Um nun diesen zu bestimmen, hat Lambert eine Versuchsreihe angestellt, die wir hier mittheilen wollen, da neuere Bestimmungen noch nicht vorliegen. Vor eine geweisste ebene Fläche pflanzte Lambert eine gleichförmig brennende Kerze auf und bestimmte, indem er 10 — 12 Fuss von der Fläche zurücktrat, für verschiedene Entfernungen derselben von der beleuchteten Ebene die Distanz der beiden rechts und links von der Kerze gelegenen Stellen a', a' der Ebene, welche schon merklich dunkler erschienen als diejenige Stelle a, welche von den Strahlen der Kerze senkrecht getroffen wurde. Alsdann berechnete er nach dem Gesetze über die Incidenz und Entfernung die Helligkeit der senkrecht bestrahlten und der beiden schief bestrahlten Stellen, indem er die Helligkeit der mittleren Stelle für den Fall der kleinsten Entfernung der Kerze zur Einheit nahm. Es ergaben sich ihm so die in folgender Tabelle zusammengestellten Resultate.

Entfernung der Kerze.	Helligkeit in a.	Helligkeit in a'.	Differenz.	Fehler.
10″	1,0000	0,9616	0,0384	$\frac{1}{26}$
20	0,2500	0,2397	0,0103	$\frac{1}{24}$
30	0,1111	0,1057	0,0054	$\frac{1}{21}$
40	0,0625	0,0590	0,0035	$\frac{1}{18}$
50	0,0400	0,0374	0,0026	$\frac{1}{15}$

Die in der letzten Columne enthaltenen Zahlen sind die durch die Helligkeiten in a dividirten Differenzen, also die Fehler, welche das Auge bei der Beurtheilung von Helligkeiten, die den in der zweiten Columne nahe liegen, höchstens begehen kann.

Hier ist aber die Rede von objectiver Helligkeit. Die sichtbaren Helligkeiten waren wegen der Veränderlichkeit der Pupille andere als die angegebenen; aus jenen aber dürfen wir nur einen Schluss auf die Genauigkeit des Gesichtssinnes ziehen, der aber dermalen, wo uns über die von der Intensität abhängigen Variationen der Pupille Nichts vorliegt, noch nicht gestattet ist.

Printed in Dunstable, United Kingdom

91220015R00067